OCEAN ANATOMY

海洋解剖笔记

[美]朱莉娅·罗斯曼　著

吴昊昊　译

湖南科学技术出版社

献给

所有热爱大海的朋友们

目 录

引　言

　　我在锡蒂岛长大，那里街道尽头就是一片海滩。小时候，每当退潮时我总会来到岸边，寻找被海浪冲上岸的寄居蟹、海星和各式的海洋生物。涨潮时，我们会在海湾内畅游。要是想看更大的海浪，就必须去位于长岛的琼斯海滩。在那里，每当大浪来袭，我和姐姐会有三种选择：趁势越过大浪，或者潜入浪下，抑或就试着乘浪回到岸边。直到今天，我还能想起当时海水涌入鼻子里那股强烈的灼热感。

　　我的家人一直很喜欢临水而居。我父母至今还住在锡蒂岛那所临海的房子里。每年夏天的傍晚，他们都会去海边参加"日落聚会"。海边的海浪轻轻地拍打着海岸。在那里，他们和邻居聊天，直至夕阳慢慢地落下。

　　我曾写过几本书（《农场解剖学》《自然解剖学》和《食物解剖学》），写作的过程让我能以更深刻的方式探索这个世界。但是每本书的创作都需要一年多的时间，所以很

1

难想象我会再去创作另外的一本。不过后来是读者们改变了我的想法。我收到了来自世界各地的电子邮件，在电子邮件里他们告诉我，他们对这些书到底有多喜爱。

在Instagram上的一些帖子里写到，孩子们或是会从这几本书中学习知识，或是会在探索自然界的过程中随身携带这几本书，又或是会从这几本书中描摹图画。

我还收到了孩子们的手写信。有的孩子给我画了一些图画，比如蔬菜的生长，或者五彩缤纷的花朵；有的孩子会告诉我他们最喜欢哪一本书；有的孩子会告诉我他们在大自然中最爱的事物，或是会告诉我他们最喜欢的食物或动物。我很珍视这些充满童真的来信。其中来自缅因州12岁的莉迪亚就写道："我从小就梦想成为一名海洋生物学家。我想是在海边长大的经历影响了我的梦想。我很喜欢你的书，如果你将要出版一本叫作《海洋解剖笔记》的书，那么我一定会非常喜爱的！我想知道，你会不会考虑这个话题？"

这唤起了我对童年海滩的回忆。我想到了我第一次去浮潜，看到的色彩鲜艳的鱼。我也想到了气候变化，想到了它是如何影响我们美丽的海洋的，还想到了我曾看到的因饥饿而死去的北极熊的画面。但最重要的是，我想到莉迪亚可能会成为一名海洋生物学家，想到了所有给我写信的孩子们，于是我决定再写一本书。

蔻伊的画——

所以我就来了！

　　我再次请来了曾与我合作过《自然解剖学》的约翰·尼克拉斯。他对海洋和海岸上的所有动植物都进行了广泛的研究。我们也试着尽可能把能收录的内容都收录进去。一路上，我了解了许多从未听说过的、令人瞠目结舌的生物——裸鳃动物、巨型的蜘蛛蟹、叶海龙。目前，大太平洋垃圾带在增长，海龟可能会把塑料袋当成水母吃进肚里。因此，我非常担心我们美丽的海洋还将会发生什么。

　　我希望这本书能让你看到那些我们甚至还没有注意到的、不可思议的海洋生物。我也希望这本书能提醒我们，这些迷人的动植物有多么需要保护。最后，我希望有更多的孩子能受到启发并参与进来，学习如何保护和拯救我们神奇的海洋。

Dear Julia Rothman,

I have written to express my lov[e]
book Nature Anatomy: The curious parts
the Natural World. First of all, I love
and how detailed and beautiful they
perfectly capture how wondrous nat[ure]
They are colorful and compliment eac[h]
Your book has inspired me. When I
it, it was in my school library, an[d]
else was holding it. They said, "
it?", and I accepted. I immediate[ly]
transported me t[o]

Dear, Julia Rothman

I love your book Food Anatomy!

I love how you explain about
how chocolate grows and
how to eat with your fingers
and how to use chopsticks.
my favorite chapters are
street food and sweet tooth.

克勒的信

of your
Pieces of
r paintings
k. They
can be.
ther well.
rst saw
omeone

ou want
ed it. It
so lived
family
ook
nd

蔻伊的画

莫莉的信

莉迪亚的信

would really enjoy a book called
"Ocean Anatomy". I was wondering
if you ever decided to make
another book if you would
consider this topic.

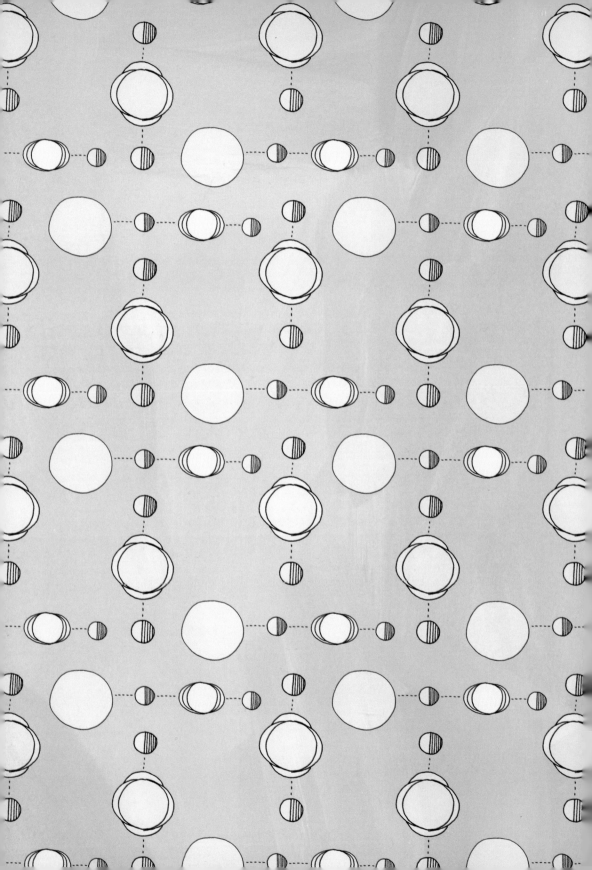

第一章

海洋中的水

地球因海洋而独特

　　海洋是地球的标志性特征。我们所在的地球是宇宙中目前唯一已知的拥有稳定液态水体的行星。水的作用至关重要，它是生命形成的必要条件。地球上所有的生命都起源于大约35亿年前的海洋中。

但是，水又是从哪儿来的呢？

　　水覆盖了地球表面71%的面积，但科学家们仍然不能确定水是从哪里来的！水可能在数十亿年前随着可能含有冰的小行星或彗星来到我们的星球。另外，在地球地幔层内的岩石中也含有水，这也很可能促使了海洋的形成。

海洋为什么看起来是蓝色的?

　　海洋的表面反映了天空的颜色。在阴天,海洋看起来是灰色的。当阳光照射在海洋上时,水分子起到滤镜的作用,首先会吸收光谱中波长较长的红光、橙光和黄光,而把光谱中的蓝色部分留下。

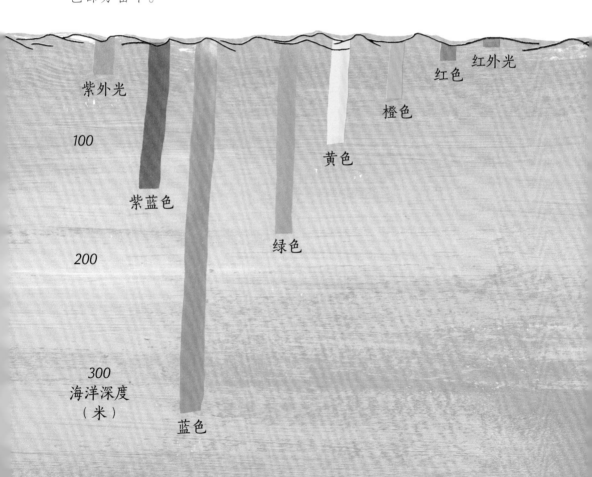

紫外光

红色

红外光

橙色

100

黄色

紫蓝色

绿色

200

300
海洋深度
（米）

蓝色

世界大洋

地球上的五大洋是彼此连通的，它们之间时刻进行着水体交换。我们也可以把五大洋看作一个整体——一个巨大的世界大洋。

大西洋

• 大西洋覆盖了地球约20%的表面积

• 面积随大西洋中脊处的构造板块向外扩张而缓慢增长

• 平均水深约3300米

太平洋

• 太平洋覆盖了地球三分之一的表面积

• 随着构造板块之间的相互运动，面积正缓慢减小

• 平均水深约4000米

• 地球上最深之处的"挑战者"海渊（深11 034米）就位于此

北冰洋
- 北冰洋覆盖了地球约2.6%的表面积
- 是地球上最小也是最浅的大洋
- 平均水深约1200米

太平洋

印度洋
- 印度洋覆盖了地球约14%的表面积
- 平均水深约3960米
- 印度洋包含了波斯湾以及红海

南大洋
- 南大洋覆盖了地球约4%的表面积
- 在2000年，南大洋还被称为南极海
- 平均水深约4500米
- 拥有季节性的海冰覆盖

海水为什么是咸的？

　　海洋的咸味，或者说盐分都来自陆地。千百万年以来，雨水不断地侵蚀岩石，溶解矿物。而由降水汇成的河流将这些矿物质最终带到海洋中，并在那里积聚起来。其中，钠离子和氯离子是海洋中最常见的"盐"离子。

　　世界上海洋的平均盐度是3.5％。

　　地球上97％的水是咸水。因此，几千年来人们一直通过蒸发海水来获取其中的盐分。

盐田

声音的传播速度

声音在海水中的传播速度很快，因此一些鲸类彼此之间即使相隔数千米，也能借助声波进行交流。①

声音在水中的传播速度大约是在空气中传播速度的 4 倍。水的密度比空气要大，所以声音能很快地穿过这些排列得更紧密的分子。在约21摄氏度的海水中，声音能以大约每秒1.61千米的速度传播，这个速度比最快的喷气式飞机速度还快。

———————

① 目前已有的研究表明鲸类可以通过声波在几千米到几十千米范围内交流，但更远距离声波交流的证据还未被发现。

13

联合古陆的解体

2.9 亿年前

那时地球上大部分的大陆挤在一起，形成了叫作联合古陆的超级大陆。在联合古陆的东边是巨大的古特提斯海。而在联合古陆和古特提斯海周围，围绕着一个叫作联合古洋的全球性大洋。

2 亿年前

随着地球构造板块的逐渐运动，联合古陆开始分裂。

1.8 亿年前

第一个现代大洋——中部大西洋，以及西南印度洋开始出现。

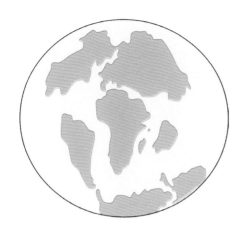

1.4 亿年前

当南美洲与非洲分离时，南大西洋便出现了。而当印度与南极洲分离时，印度洋中部就出现了。

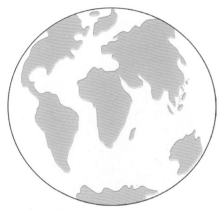

8000 万年前

北美洲与欧洲分离，形成了北大西洋。至此，今天地球上的所有大陆和海洋就都形成了。

信 风

在赤道附近，存在东南信风带和东北信风带。信风带中风的方向很少改变，并稳定出现，因此被称为信风。早期来自欧洲和非洲的水手利用信风和由此产生的洋流到达美洲，从而建立殖民地和开辟贸易路线。

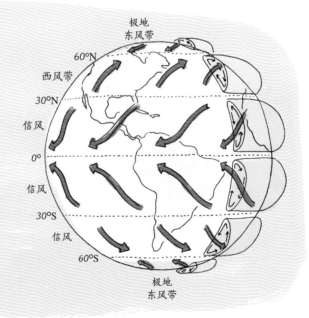

极地
东风带
60°N
西风带
30°N
信风
0°
信风
30°S
信风
60°S
极地
东风带

海底的特征

　　海洋测深学是研究水下地形深度和形状的学科。所研究的水体包括海洋、河流、小溪以及湖泊等。

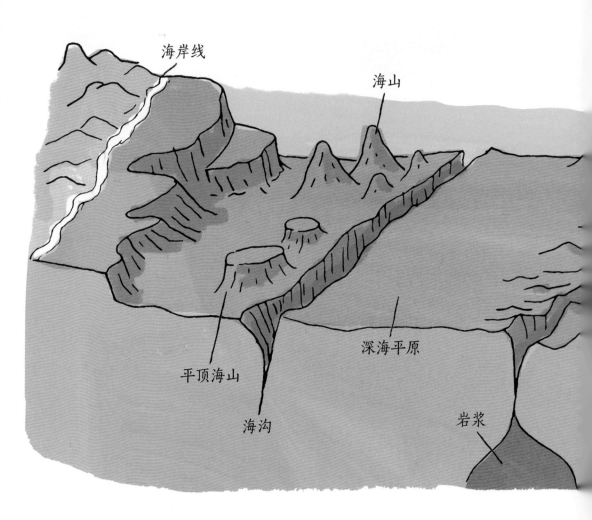

海山是指从大洋底部升起，但又不高出海面的海底火山。它们可以单独存在，也可以好几个一起串成长链。海山顶部如果受到侵蚀，就会变成平顶海山。

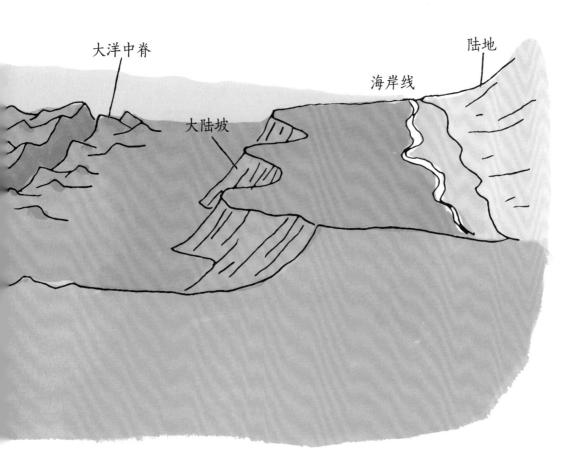

大洋中脊

陆地

海岸线

大陆坡

潮 汐

海洋中的潮汐现象，是巨量的海水被月球和太阳的引潮力牵引所产生的。在月球引力的作用下，海水会向月球的方向凸出，而地球又处在不断的自转中，所以海岸线上每天就会出现两次涨潮和落潮。

高潮和低潮的潮差因太阳和月亮的位置而异。潮差最大时称为大潮，发生在新月或满月之后，这时太阳、地球与月亮在同一直线上。潮差最小时称为小潮，发生在大潮之后的第七天，这时地日连线和地月连线相互垂直，因此分散了各自的引潮力。

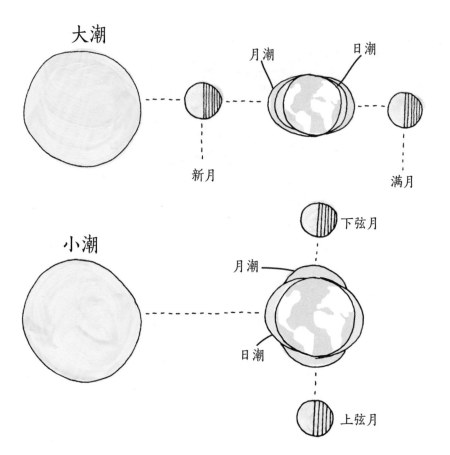

在一些地方，潮差只有0.9米。而在加拿大的芬迪湾，高潮和低潮之间的高度差距可高达15米！

如若没有潮汐的作用，我们所知的一些生命可能不会存在。潮汐的更替确保了海洋营养物质的不断循环。

温暖的表层流

洋　流

⋯⋯⋯⋯⋯⋯⋯

　　潮汐是引起洋流的三个因素之一。潮水来袭引起的水流称
为涨潮流。而当潮水退去时，它会引起退潮流。不过，潮流只
在近岸处表现得比较强烈。

　　另外一些表层洋流则要归功于风的作用。根据季节和地
点的不同，风力引起的洋流最深可以达到90米。

寒冷高盐的深层流

温盐环流

　　对于深层海水来说，水的温度和盐度差异是形成深海洋流的主要驱动力。当南北极的海冰形成时，海水中溶解的盐会被海冰排出去，因此周围未结冰的海水将会变得更咸，密度也更大。这些冰冷、稠密且含盐的海水将沉到海底，与此同时温暖的表层水则会替代它们的位置。这种依靠密度驱动的水的循环将在海洋深处形成洋流。

　　洋流可以显著地改变陆地上的气候。尽管秘鲁在接近赤道的南纬12度，但寒冷的秘鲁寒流让秘鲁保持了常年的凉爽。相比之下，墨西哥湾暖流使得挪威拥有了与其所处纬度不相符的温暖气候。

波 浪

涌浪由远处传来，因此经常会成群结队地传播。人们常说一组海浪是由7个浪组成（这是不准确的），但通常情况下，一组海浪会由12～16个浪构成，其中最大的浪常在这组浪的中间。

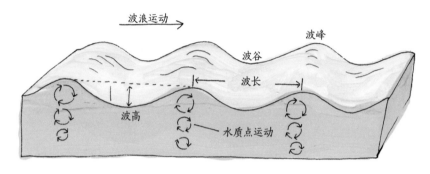

巨 浪

在极少数情况下，当风和海流的条件适合时，一些海浪会意外地合并成一个比周围的海浪高两倍甚至更多倍的巨型海浪。这些巨大而又反常的海浪通常会被称为巨浪，它会对船只和海岸线造成严重的破坏。

海洋水层的划分

1. 浅海层
这里因阳光的照射而较为温暖，也聚集了丰富的生物。

2. 中层
这里的阳光非常微弱。海洋中层生活着长相奇特的鱼类和其他海洋生物，其中有许多海洋生物具有生物发光的特性。

3. 半深海层
尽管这里有着巨大的水压，但有些鲸鱼还是会潜到这样的深度觅食。

4. 深海层
这里的温度很低，但乌贼和海星可以在这里生存。

5. 深渊层
这里每6平方厘米要承受高达8吨的水压，因此生物十分稀少。不过仍有管虫和其他无脊椎动物存在于此。

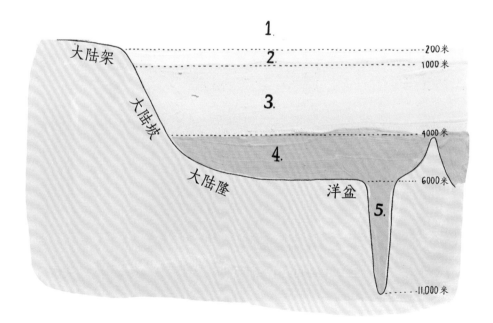

第二章

海中的鱼

海洋食物链

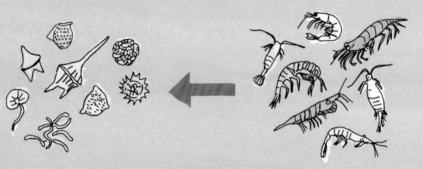

初级生产者

浮游植物通过光合作用为自己制造养料。这些悬浮在海水中的单细胞微藻，会把从阳光中捕获到的能量通过水生食物网传递给捕食它们的大型生物。

初级消费者

浮游动物是以浮游植物为食的小型海洋动物。海洋中有成千上万种的浮游动物，它们大多数都生活在海水的表层。

噬人鲨幼鱼

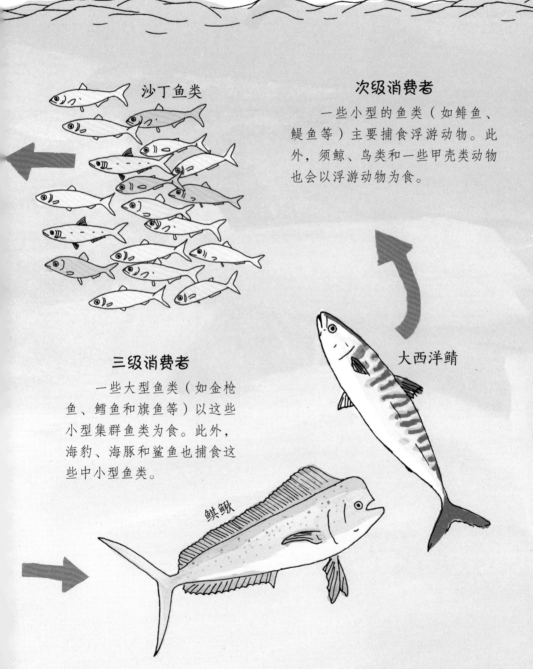

沙丁鱼类

次级消费者

一些小型的鱼类（如鲱鱼、鳀鱼等）主要捕食浮游动物。此外，须鲸、鸟类和一些甲壳类动物也会以浮游动物为食。

大西洋鲭

三级消费者

一些大型鱼类（如金枪鱼、鳕鱼和旗鱼等）以这些小型集群鱼类为食。此外，海豹、海豚和鲨鱼也捕食这些中小型鱼类。

鲯鳅

真光层中的浮游生物

有孔虫

甲藻

放射虫

等足类

端足类

糠虾

介形虫

磷虾

桡足类

生物发光

有许多种海洋生物都能在黑暗中发光。这种现象被称为生物发光。在有些地方，海岸边的碎浪会发出奇异的蓝光，这其实是海浪中成千上万的发光甲藻受到惊扰后的发光行为。

萤火鱿

幽灵蛸

海洋生物的发光行为既可以作为一种防御天敌的机制，也可以是一种吸引猎物的手段，甚至还能用于在漆黑的环境中吸引潜在配偶的注意。

鮟鱇

超过70多种的鱿鱼在受到捕食者的威胁时，会通过自身发光或是喷出发光墨汁来警告、迷惑捕食者。

这些生物产生的能够发光的色素称作荧光素。

鱼的结构解剖图

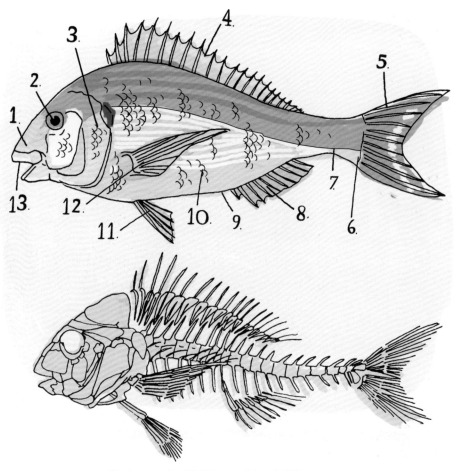

1. 鼻孔	6. 尾柄	11. 腹鳍
2. 眼	7. 侧线	12. 胸鳍
3. 鳃盖	8. 臀鳍	13. 口
4. 背鳍	9. 肛门	
5. 尾鳍	10. 鳞片	

鱼类小知识

鱼类是生活在水中的动物，为此它们长有用来游动的鳍和用来在水中呼吸的鳃。大多数的鱼类还长有鳞片，并且具有由硬骨或软骨组成的骨架。鱼类通过产卵来繁衍后代。

鱼卵　孵化中的仔鱼

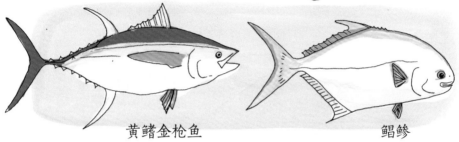
黄鳍金枪鱼　　　　　　　鲳鲹

鱼类占到了所有脊椎动物数量的一半以上。目前世界上有超过30 000种不同的鱼类，如此多的种类使得鱼类成为脊椎动物中多样性最丰富的类群。虽然鱼类几乎能生存在所有的水生环境里，但绝大多数的鱼类选择了海洋作为它们生存的家园。

大多数的鱼类是变温动物，它们的体温会随着环境的变化而改变。而一小部分的大型鱼类（如金枪鱼、月鱼和一些鲨鱼）可以通过逆流交换机制使血液的温度保持相对温暖和稳定。

鳃是鱼类的呼吸器官，鱼鳃中含有十分丰富的血管，可以充分地交换氧气和二氧化碳。在呼吸时，鱼类会将含氧的水吸入口中，这些被吸入的水随后会流过鱼鳃。当水流过鱼鳃，水中溶解的氧气会通过薄薄的毛细血管壁直接进入血液，而呼吸产生的二氧化碳则会被水流带走。

鳃弓

在鱼类的身体两侧有一套高度发达的感觉器官——侧线。侧线能够探测水流和水压的变化，帮助鱼类在水中寻找最优路线，并准确发现猎物。

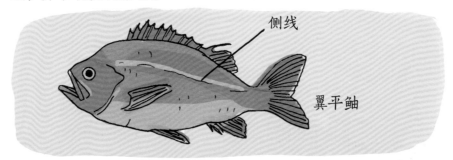

侧线

翼平鲉

鱼类的食性各不相同：有肉食性的、植食性的，还有杂食性的。除此之外，一些种类的鱼类还会在它们不同的发育阶段选择吃不同的食物。总的来说，浮游生物、珊瑚、藻类、甲壳类、蠕虫、头足类、软体动物甚至其他同类都在鱼类的食谱上。

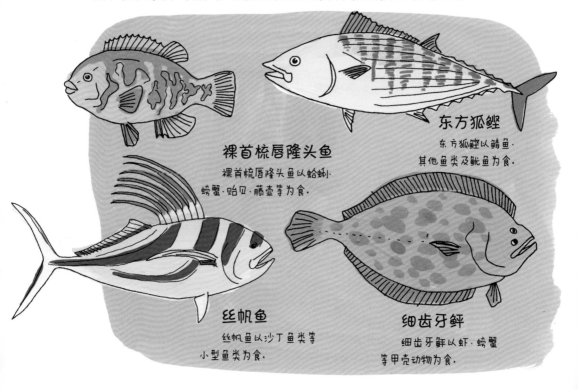

裸首梳唇隆头鱼
裸首梳唇隆头鱼以蛤蜊、螃蟹、贻贝、藤壶等为食。

东方狐鲣
东方狐鲣以鲭鱼、其他鱼类及鱿鱼为食。

丝帆鱼
丝帆鱼以沙丁鱼类等小型鱼类为食。

细齿牙鲆
细齿牙鲆以虾、螃蟹等甲壳动物为食。

集群鱼类

许多种鱼类在日常生活中或是迁徙时会成群结队地运动，形成大的鱼群。鱼群中的每一条鱼都十分清楚自己在群体中的位置，它们会同步行动，对捕食者、猎物和水流做出相应的反应。集结成鱼群不仅可以帮助鱼类躲避捕食者，还可以让它们更高效地完成长距离迁徙，甚至还可以帮助它们完成捕食。

鱼类这种集群游动的能力是它们与生俱来的，侧线器官能够帮助鱼群中的鱼时刻保持鱼群紧密的队形。

项斑蝴蝶鱼

而仅因栖息在一起而聚集成群的鱼类，它们的行动并不会时刻保持一致。

丝鳍拟花鮨

鲱鱼是众所周知的集群鱼类，它们的鱼群可以由上百万个个体组成，鱼群的长度甚至能达到1.6千米。

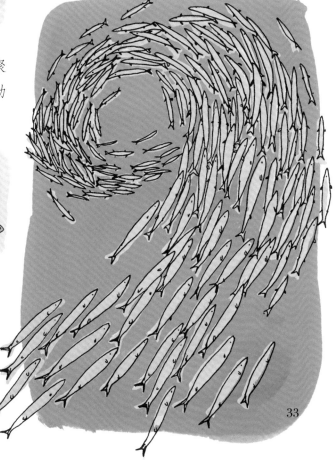

掠食性鱼类

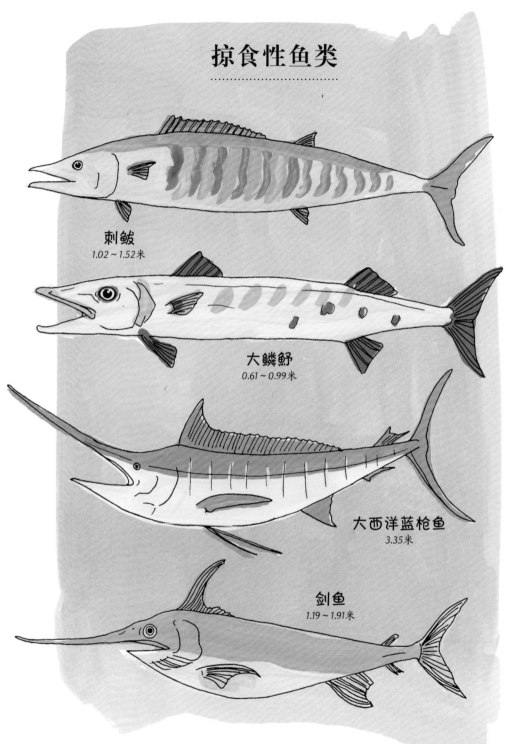

刺鲅
1.02~1.52米

大鳞鲬
0.61~0.99米

大西洋蓝枪鱼
3.35米

剑鱼
1.19~1.91米

平鳍旗鱼
1.73～3.35米

珍鲹
0.89米

巴西笛鲷
0.99米

鲨鱼的结构解剖图

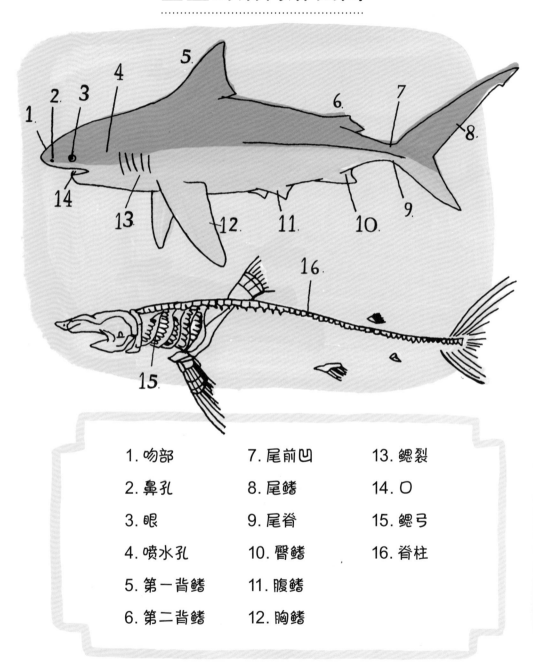

1. 吻部	7. 尾前凹	13. 鳃裂
2. 鼻孔	8. 尾鳍	14. 口
3. 眼	9. 尾脊	15. 鳃弓
4. 喷水孔	10. 臀鳍	16. 脊柱
5. 第一背鳍	11. 腹鳍	
6. 第二背鳍	12. 胸鳍	

仅仅是鲨鱼背鳍划破水面的场景就足以让那些惧怕鲨鱼的人心惊胆战。

鲨鱼在人们固有的印象里是一种可怕的动物——它们似乎精于算计，报复心强，还对人类充满兴趣。但是事实上，在500多种鲨鱼中，只有不到12种鲨鱼会对人类构成威胁。在世界范围内，寻常一年中发生的鲨鱼袭击人类的记录只有不到90次，而且绝大多数袭击都是非致命的。可以说被鲨鱼袭击的概率比被闪电袭击的概率还要小得多。而与此同时，每年有超过1亿尾鲨鱼被人类捕杀。

鲨鱼已经存在约1亿年了，而鲨鱼的祖先则出现在更早之前，约4.5亿年前，远远早于任何陆生的脊椎动物。作为参考，现代人类只有大约20万年的演化历史。

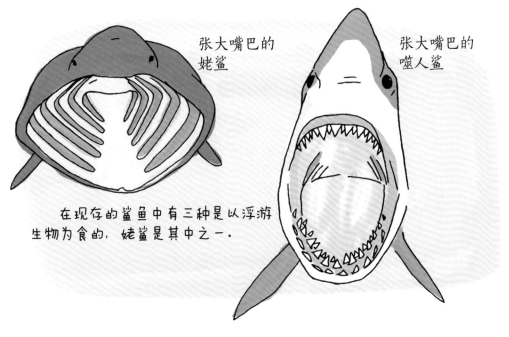

张大嘴巴的姥鲨

张大嘴巴的噬人鲨

在现存的鲨鱼中有三种是以浮游生物为食的，姥鲨是其中之一。

鳃裂

瞬膜

在鲨鱼头部的两边有5~7个鳃裂，这是鲨鱼呼吸器官鳃的开口。大多数硬骨鱼有利用充气来调整浮力的鳔。鲨鱼没有鳔，它们依靠富含脂肪的肝脏来调节自身的浮力。鲨鱼的骨骼是比硬骨更轻、更灵活的软骨。因为鲨鱼没有肋骨，所以当它们被带到陆地上时，会因为没有肋骨的支撑而无法保持身体的形状。

如果你胆子足够大，敢把头伸进鲨鱼的血盆大口中，你将会看到好几排牙齿。鲨鱼虽然有很多排牙齿，但它们只会使用最前面的两排牙齿。不像我们人类只能换一次牙，鲨鱼的牙齿可以终生更换！当前面的牙齿磨损或者掉落了，后排预备的牙齿就会像传送带一样被推送到前面。

在有些鲨鱼的眼睛中，有一种叫做瞬褶或瞬膜的结构，这是一层半透明的眼膜。当鲨鱼撕咬猎物时，瞬膜肌就会拉着顺褶或瞬膜移动使眼睛关闭，从而保护鲨鱼的眼睛。

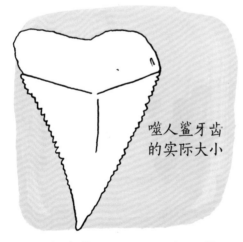

噬人鲨牙齿的实际大小

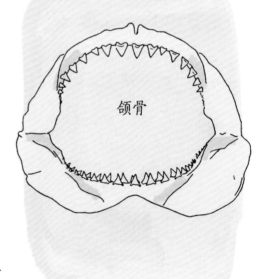

颌骨

在鲨鱼的一生中可能会更换掉超过两万颗的牙齿。因此，鲨鱼的牙齿化石是最常见的化石种类之一。

鲨鱼的皮肤摸起来像是粗糙的砂纸，但当它在水中前进时，这层鲨鱼皮却具有极高的流体动力效率。鲨鱼的皮肤上覆盖有盾鳞，盾鳞由许多微小的像牙齿一般埋在皮肤中的基板和露出皮肤的鳞棘组成，鳞棘外还覆盖有一层坚硬的釉质。鲨鱼盾鳞的排列对提高游泳速度非常有帮助：呈对配置的盾鳞周围形成的小涡流，能有效地减少阻力和湍流。

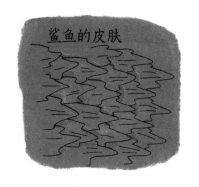

鲨鱼的皮肤

鲨鱼有一种用于捕猎的"超能力"——它们能够测定方向、感应水流，还能感应猎物发出的电场。这都要归功于布满它们头部的感觉小孔，这些小孔被称为罗伦瓮，它们甚至可以探测到一条静止不动的鱼的心跳。

罗伦瓮

**鲨鱼体型
对比**

鲸鲨14米

姥鲨10米

噬人鲨7米

巨口鲨4.6米

铰口鲨4米

尖吻鲭鲨2.4米

各种各样的鲨鱼

豹纹鲨　　豹纹鲨分布于世界各地的亚热带海域，它们拥有强健的肌肉，通常能长到3米长。豹纹鲨具有社会性，经常以一个小团体的形式聚集和捕猎。

噬人鲨　　噬人鲨是一种大型鲨鱼，可以长到6~7米长，约1.6吨重。体型巨大的噬人鲨以海狮、海豹、小鲸鱼等猎物为食。

双髻鲨　　双髻鲨的头部形状特殊，拥有向两边突出的"头翼"，作用是增加其视野。在双髻鲨的头翼上还分布着罗伦瓮，可以通过感受猎物发出的微弱电流来发现隐藏的猎物。

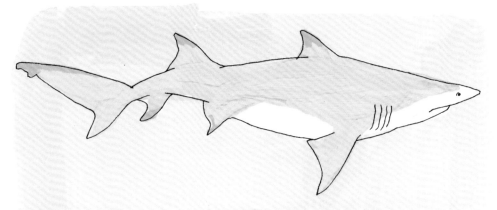

短吻柠檬鲨　　短吻柠檬鲨喜欢栖息在温暖的浅水和红树林地区，并以鱼、螃蟹、鳐鱼及海鸟为食。

尖吻鲭鲨　　尖吻鲭鲨是游泳速度最快的鲨鱼，它们的游泳速度可以超过64千米/时，并可以跳出水面6米多高。

铰口鲨　　铰口鲨是夜行性的底栖鱼类，以软体动物、小鱼以及甲壳类动物为食。铰口鲨通常在海床上寻找猎物，并用可以产生强劲吸力的大嘴吸食猎物。

鳐和鲼

　　鳐和鲼这类身体扁平的鱼类，其骨骼是由软骨组成的，因此它们也是鲨鱼的近亲。鳐鱼的鳃在身体底部，它们身体两侧的大胸鳍起着推进的作用。

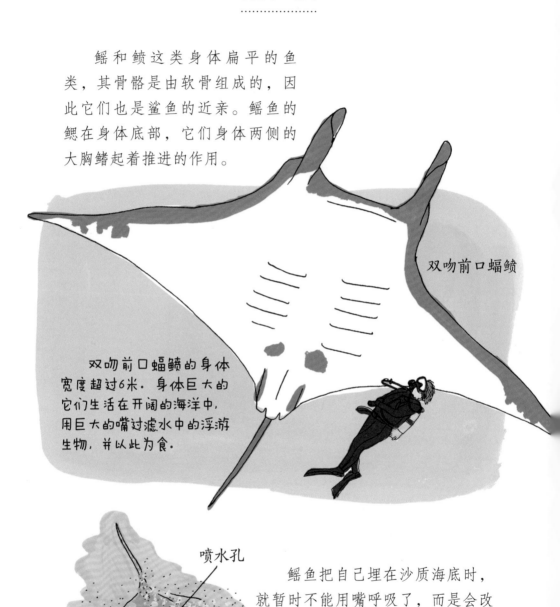

双吻前口蝠鲼

　　双吻前口蝠鲼的身体宽度超过6米。身体巨大的它们生活在开阔的海洋中，用巨大的嘴过滤水中的浮游生物，并以此为食。

喷水孔

　　鳐鱼把自己埋在沙质海底时，就暂时不能用嘴呼吸了，而是会改用位于眼睛后方的小孔，这些小孔被称作喷水孔。

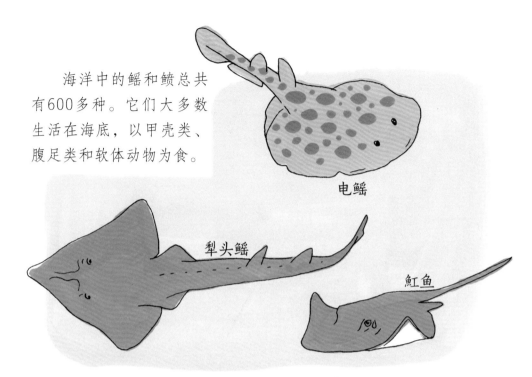

海洋中的鳐和鲼总共有600多种。它们大多数生活在海底，以甲壳类、腹足类和软体动物为食。

电鳐

犁头鳐

魟鱼

虽然魟鱼并不具有攻击性，但当它们受到惊扰时，会使用尾巴上一根有毒的倒刺来保护自己。所以为了安全，在已知有魟鱼出没的水域行走时，必须沿海底小心翼翼地拖着脚步走，千万不能大步流星地走。

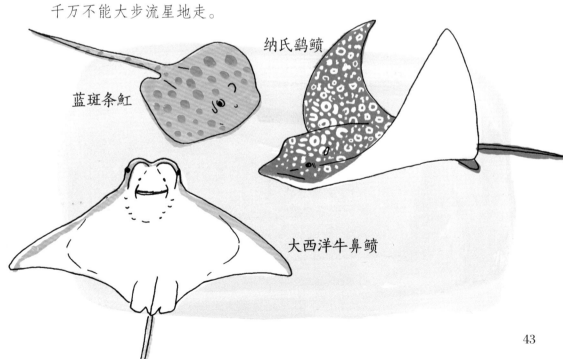

纳氏鹞鲼

蓝斑条魟

大西洋牛鼻鲼

水母的结构解剖图

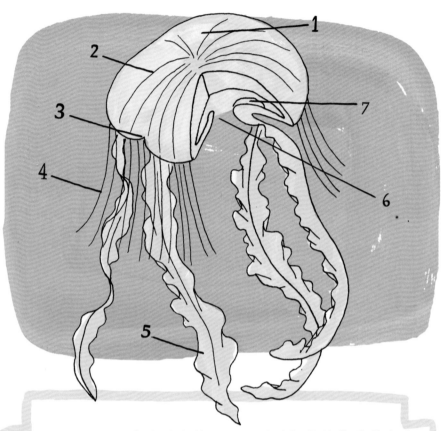

1.**伞体**——伞状的身体，可以通过规律的收缩排出海水来推动水母运动

2.**辐管** ——绕伞体一周的一系列管道，它们将营养物质分配到全身，进行细胞外消化

3.**眼点**——伞体边缘的感光点

4.**触手**——用来触摸猎物

5.**口腕**——用来给猎物注射毒液

6.**口**——将猎物由此卷入胃腔

7.**生殖腺**——用来产生精子或卵细胞的生殖器官

水母小知识

··

　　水母的英文名叫Jelly fish（字面上的意思是"果冻状的鱼"），但它们根本不是鱼。我们称之为水母的生物其实是一类腔肠动物的成体阶段。事实上，水母与珊瑚和海葵的关系要比鱼类密切得多。

　　水母的出现比真正意义上的鱼类至少早了1亿年。

　　水母的种类约有1500种，而随着海水变暖，海洋酸化和海洋污染的加剧，水母的数量正在不断增加。

　　水母的触手含有刺细胞，当它们与小鱼、磷虾、甲壳类动物甚至其他水母等猎物接触时，会射出有毒、微小的刺丝囊。

　　并不是所有的水母都能蜇伤人。只有少数的水母（如盒状水母）具有致命毒性。

　　在大海中，水母通常会集结成"水母群"，一些大型水母群可能会包含数百万只水母，覆盖面积近1025平方千米的海域。

狮鬃水母

狮鬃水母是已知的最大型的水母物种，加上它们的触手全长可以达到30米。

海月水母

海月水母喜欢待在靠近水面的地方，这让它们很容易成为大鱼、海龟和海鸟的猎物。

大西洋海刺

与其他只吃浮游生物的水母不同，大西洋海刺能释放强大的毒液使小鱼、蠕虫等猎物麻痹致死，并以之为食。

僧帽水母

虽然僧帽水母看起来是一个整体（水母体），但事实上却是由许多高度分化的微小个体组成。僧帽水母与其他常见的水母并非同类，它们属于管水母（水螅虫纲的一目）。

灯塔水母

灯塔水母是分布在地中海地区的一种水母。在繁殖后，灯塔水母可以不断回到它的未成熟阶段，这代表着它们可能能够永生！

水母的生活史

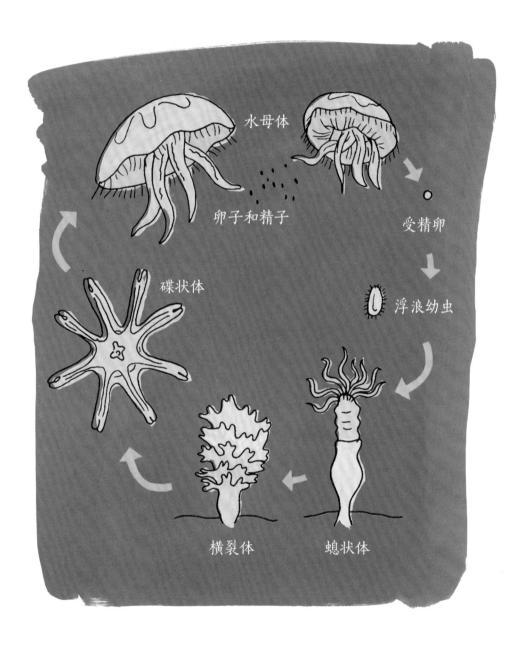

水母体

卵子和精子

受精卵

浮浪幼虫

碟状体

横裂体

蜕状体

深海生物

·······················

　　深海里的环境是十分寒冷和黑暗的。在海面下约180米处，只有大约1%的太阳光可以到达这里，平均水温只有0~3摄氏度。在深海，动物们要承受的水压大到不可思议。随着深度下降，大约每增加10米的深度，水压就会增加一个大气压。在海面下约5千米处，动物们不得不承受大约500个大气压的压力。然而，即便是在海洋最深、最黑暗的地方，也会有生命在此繁衍生息。

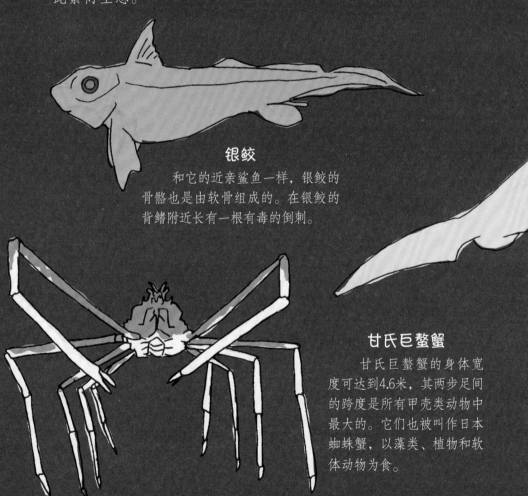

银鲛

　　和它的近亲鲨鱼一样，银鲛的骨骼也是由软骨组成的。在银鲛的背鳍附近长有一根有毒的倒刺。

甘氏巨螯蟹

　　甘氏巨螯蟹的身体宽度可达到4.6米，其两步足间的跨度是所有甲壳类动物中最大的。它们也被叫作日本蜘蛛蟹，以藻类、植物和软体动物为食。

宽咽鱼

因为宽咽鱼嘴巴实在是非常大，因此它们又被称为吞噬鳗。宽咽鱼依靠尾部末端粉红色和红色的生物发光器吸引猎物。

欧氏尖吻鲨

欧氏尖吻鲨具有可伸缩的下颚，在进食时，可伸缩的下颚可以突然伸出突袭猎物。深海中的鼠尾鳕是它常见的猎物之一。

烟灰蛸

烟灰蛸可以长到约1.5米长。在深海研究中人们发现它们栖息的水深可以超过约6000米，这比其他任何章鱼都要深。它用耳朵一样的鳍推动自己前进，并用腕来控制方向。

银斧鱼

银斧鱼体表下方的发光器官可起到伪装的作用。对光敏感的眼睛指向上方，可以在夜间昏暗的表层水域看清猎物。[1]

马康氏蝰鱼

虽然看起来很吓人，但马康氏蝰鱼只有30厘米左右长。在它们长长的背鳍末端有一个发光器，用来吸引猎物。

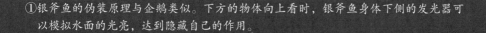

[1]银斧鱼的伪装原理与企鹅类似。下方的物体向上看时，银斧鱼身体下侧的发光器可以模拟水面的光亮，达到隐藏自己的作用。

49

大王乌贼

　　大王乌贼可以长到12米长，约900千克重，它的眼睛直径可达30厘米宽。它们的寿命只有5年左右，在此期间它们可能只交配一次。这些乌贼生活在各个大洋，但由于很罕见，而且生活在深海，所以直到2012年，人类才首次在野外拍摄到它们。

　　在无脊椎动物里，只有一种动物的体型比大王乌贼的还要巨大。它就是大王乌贼的近亲——大王酸浆鱿。

厚翼海沟虫

　　厚翼海沟虫生活在深海热液喷口旁，利用体内的细菌帮助它们消化硫化氢。

角高体金眼鲷

虽然角高体金眼鲷的体长只有18厘米左右，但它有着长而锋利的牙齿，可以用来捕捉其他鱼类、甲壳类和头足类动物。

黑叉齿鱼

黑叉齿鱼的体长大约只有25厘米，但它们有着可以极度扩张的胃，这使得它们能吃掉长度超过其体长的两倍、重量超过其体重数倍的鱼。

粗鳞突吻鳕

粗鳞突吻鳕有着非常细长的尾部，所以也被称为鼠尾鳕。鼠尾鳕科是深海中最常见的鱼类。

第三章

海中的鲸

鲸的结构解剖图

南座头鲸

虎鲸

1. 鲸须	5. 背鳍	9. 眼斑
2. 瘤突	6. 尾叶	10. 鞍斑
3. 呼吸孔	7. 鳍肢	11. 尾柄
4. 眼	8. 腹褶沟	12. 吻突

鲸、海豚和鼠海豚都属于鲸类。这些生活在水中的哺乳动物的头顶上，有一个用于呼吸的呼吸孔。它们身体末端水平的鳍被称为尾叶。所有的鲸目动物的皮肤层都有一层厚厚的脂肪，使它们在寒冷的深海中保持温暖。

蓝鲸的呼吸孔

目前地球上共有80多种鲸类，包括14种须鲸及69种齿鲸。

须鲸和齿鲸是鲸类中的两大类群。

须鲸

齿鲸

须鲸的口中有一个叫作鲸须板的结构。须鲸在进食的时候，可以将海水和食物一同吞进口中，之后海水会被鲸须板压出，而浮游生物和磷虾等食物则被留在鲸须板内。

齿鲸具有牙齿，它们的猎物包括鱼类、鱿鱼、其他水生哺乳动物以及鸟类。

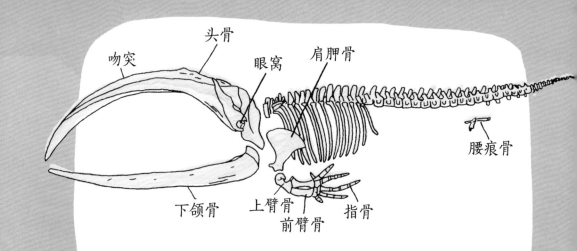

吻突　头骨　眼窝　肩胛骨　腰痕骨　下颌骨　上臂骨　前臂骨　指骨

露脊鲸骨骼

　　鲸类的祖先是具有4条腿的陆生哺乳动物，经过数千万年的演化，它们已经完全适应了水中的生活。不过我们仍然能从鲸鱼的骨骼中看到它们祖先的痕迹，鲸鱼的下腹部有一对腰痕骨，那是它们退化的"脚"。

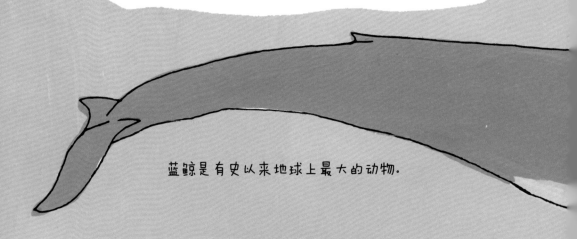

蓝鲸是有史以来地球上最大的动物。

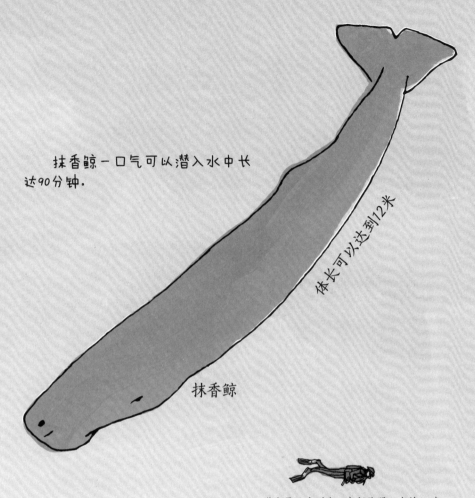

抹香鲸一口气可以潜入水中长达90分钟。

体长可以达到12米

抹香鲸

潜水员从头到脚（包括脚蹼）大约2.4米

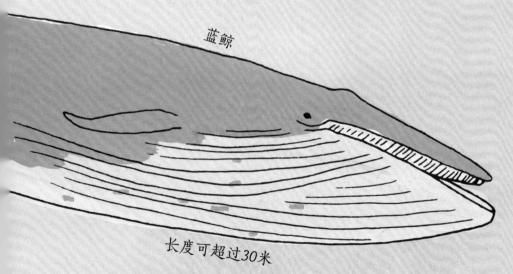

蓝鲸

长度可超过30米

大大小小的鲸鱼们

长须鲸
长20米，重45吨

露脊鲸
长14米，重约23吨

灰鲸
长12米，重约27吨

抹香鲸
长12米，重35~60吨

塞鲸
长18米，重约20吨

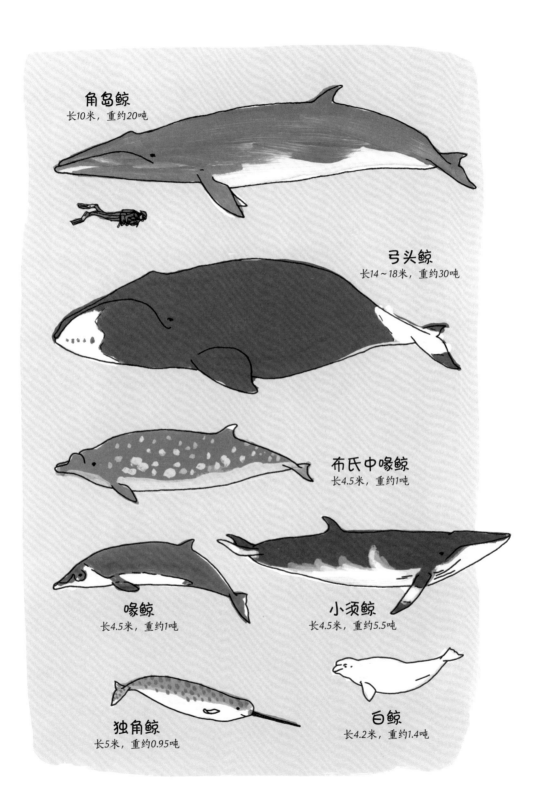

角岛鲸
长10米，重约20吨

弓头鲸
长14～18米，重约30吨

布氏中喙鲸
长4.5米，重约1吨

喙鲸
长4.5米，重约1吨

小须鲸
长4.5米，重约5.5吨

独角鲸
长5米，重约0.95吨

白鲸
长4.2米，重约1.4吨

气泡网捕食

气泡网捕食

大翅鲸几乎有90%的活动时间都在觅食。当大翅鲸为长距离迁徙做准备时，几乎每天都要消耗重达约2.25吨的鱼类。

大翅鲸能形成复杂而协作的社群结构，因此它们之间可以开展复杂的合作捕猎：当大翅鲸发现鱼群时，多达60头的大翅鲸会游到鱼群下方，随后它们会绕着鱼群沿着螺旋向上的轨迹游动，同时从呼吸孔呼出气体。这些气体会在水中形成一个"气泡网"，让鱼群迷失方向，并被紧紧地困在网中。

随后，领头的大翅鲸发出开始进食的指令，这时所有参与"气泡网"捕食的大翅鲸会同时张开大嘴，一同捕食被困在"气泡网"中的鱼类。通过"气泡网"捕食，座头鲸一口就能吞下数百千克的鱼类。

龙涎香：

一种灰色、有气味的蜡状物质，常被用于制造香水。龙涎香非常罕见，每千克的售价在十几万元。实际上龙涎香是在抹香鲸的胃中产生的，抹香鲸食谱中很大一部分是乌贼，而乌贼坚硬的角质喙和内骨骼难以在胃中被消化，为避免胃黏膜被这些难以消化的物质伤害，抹香鲸便分泌出一些物质将它们包裹起来，久而久之便形成了龙涎香。

海豚的结构解剖图

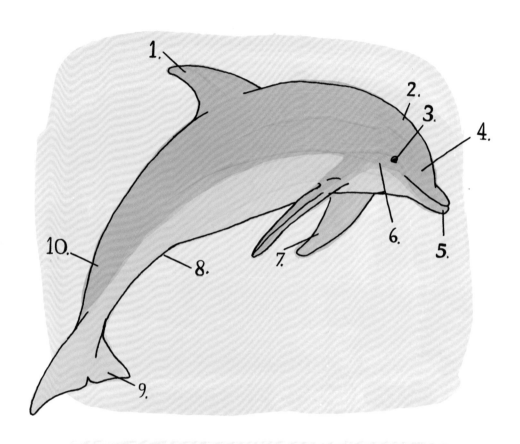

1. 背鳍　　6. 内耳

2. 呼吸孔　7. 前肢

3. 眼　　　8. 生殖器

4. 额隆　　9. 尾叶

5. 吻突　　10. 尾柄

海豚会在海浪中嬉戏，也会跟随船舶，在船的尾流中跳跃，它们是海洋中最活泼的居民。

海豚拥有很大的脑容量，并表现出了许多与智力有关的行为。研究显示，海豚不仅能够使用工具，而且还能各自结成联盟并熟练地呼唤群体内其他成员的名字。海豚相互间还有感情交流，它们能够相互同情、相互取笑，甚至为其他海豚提供照看孩子的服务。有时候，海豚还会齐心协力地拯救被鲨鱼袭击的冲浪者。

一个海豚族群就是一个复杂的社会系统。海豚能在代与代之间传递技能和信息。例如，有些群体里的海豚妈妈会教它们的儿女在粗糙不平的海床翻找食物时，用海绵来保护鼻子。

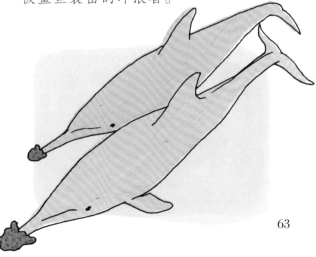

海豚和鼠海豚的比较

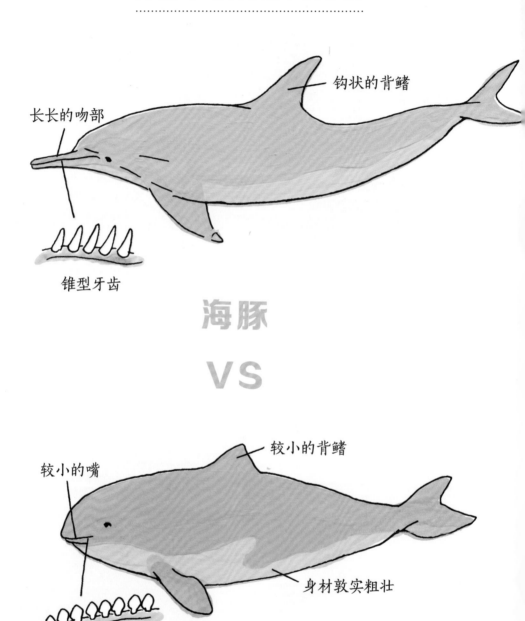

钩状的背鳍

长长的吻部

锥型牙齿

海豚

VS

较小的背鳍

较小的嘴

铲状牙齿

身材敦实粗壮

鼠海豚

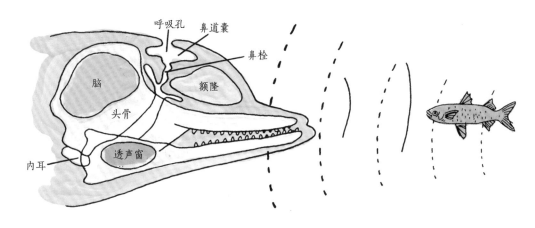

呼吸孔　鼻道囊

鼻栓

脑

额隆

头骨

内耳

透声窗

回声定位

海豚通过它们的鼻道部发出高亢的声音，然后分析反射回的声音来感知周围的环境。海豚能利用折回来的声音定位及识别猎物、捕食者和它们的族群成员。这种强大的声呐系统可以帮助海豚确定猎物的大小、形状和速度。声呐波还可穿过一些固体，海豚甚至可以借助这种声呐来判断族群中的雌性成员是否怀孕。

海豚是很健谈的，它们能通过口哨声、咔嚓声和咕噜声等复杂的语言系统进行

交流，还能通过触碰对方和身体姿势来表达自己的意图。

大多数海豚以鱼类、鱿鱼和底栖的无脊椎动物为食。体型较大的海豚可能以水生哺乳动物为食，比如海豹，甚至鲸鱼等。

海豚的种类

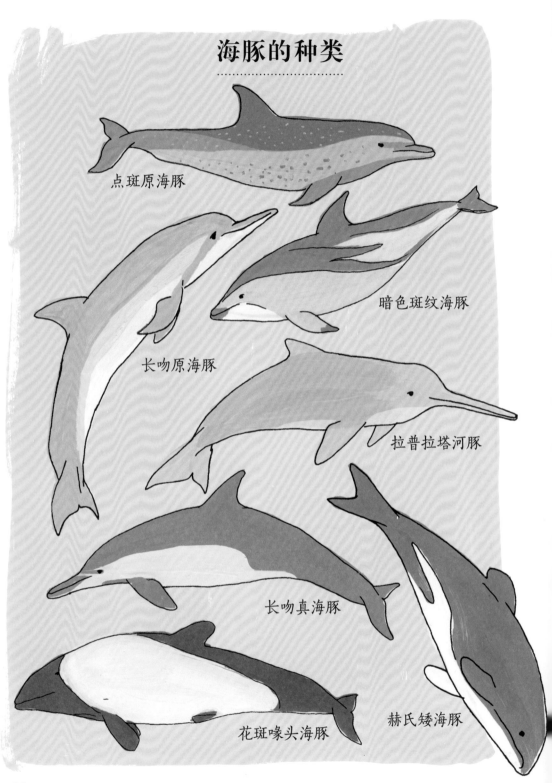

点斑原海豚

暗色斑纹海豚

长吻原海豚

拉普拉塔河豚

长吻真海豚

花斑喙头海豚

赫氏矮海豚

这六个物种通常被称为鲸或黑鲸，但从遗传学上来说，它们都属于海豚。

长鳍领航鲸

虎鲸

伪虎鲸

南露脊鲸

瓜头鲸

侏虎鲸

虎　鲸

　　虎鲸（逆戟鲸）是海豚家族中最大的成员，雄性长7.5米以上，体重约5.8吨。虎鲸适应性很强，生活在世界各大洋中。根据特定种群的位置和习性，虎鲸可能以鱼、海豹、乌贼、海龟、海鸟甚至鲸鱼为食。生活在不同地区的虎鲸族群在颜色、大小、鳍的形状和斑纹上都各不相同。

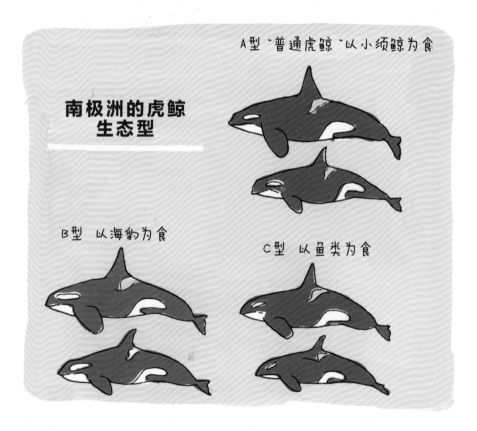

南极洲的虎鲸生态型

A型"普通虎鲸"以小须鲸为食

B型 以海豹为食

C型 以鱼类为食

　　在自然界中，这些以团队形式捕猎的猎手通常没有天敌。

　　虎鲸追逐猎物的速度可以达到约56千米/小时。它们像狼一样以团队合作的形式狩猎，利用超群的智慧来获取食物。

虎鲸在野外从未攻击过人类。

虎鲸的族群由雌性族长和它的后裔组成，族群中的这位女族长寿命可以长达80岁以上。虎鲸是目前已知的唯一与母亲共度一生的哺乳动物。

浮窥

虎鲸在海面时，常常会做出"浮窥"的动作：它们通过精准的浮力控制和鳍肢的摆动将头部缓缓地伸出水面。借助浮窥这种特别的行为，虎鲸可以更好地看清海面上的情况。

自20世纪70年代以来，北美太平洋沿岸的研究人员一直在拍摄和识别每头虎鲸的背鳍形状，并以此来追踪各个虎鲸族群。

雄性虎鲸有着高而直的背鳍，而雌性虎鲸的背鳍则是弯曲的。

虎鲸的鳍上可能会留有它们曾经战斗过或是被船只的螺旋桨打伤的印记。

下垂的背鳍可能表示这头虎鲸处在生病或年老的状态。

鲸鱼正受到威胁

几千年来，人们一直在捕杀鲸鱼，但真正大规模的商业捕鲸是自18世纪才开始的。自商业捕鲸开始以来，一些鲸鱼的数量已经减少了90%以上。

300多年以来，抹香鲸、蓝鲸和露脊鲸的种群深受商业化捕鲸的影响，如今其种群数只剩下不到10%了。因为被人们大肆猎杀，目前座头鲸的数量已不足2000头。野生北大西洋露脊鲸目前可能只剩下500头。

国际法现在禁止了大多数鲸类种类的捕捞，大多数的鲸鱼种群规模也正在复苏，但这些鲸类动物仍然面临人类活动的威胁。

鲸类正在面临的威胁

对鲸类种群的直接影响

　　农业径流带来的污染物以及汞、石油化学物质、多氯联苯最终都将在以鱼为食的鲸鱼体内累积[①]。一些白鲸被这些污染物严重污染致死，它们的尸体甚至必须作为有毒废物被处理掉。此外，所有滤食性鲸鱼在进食磷虾和浮游生物时，都不可避免地摄入海洋中的微塑料，而这将威胁到它们的繁殖活动和身体健康。

气候变化带来的影响

　　随着气候变暖，北极附近的冰盖也正在融化，人类在此开辟新的航道，探索新的石油和天然气开采区域。这让不得不依赖冰层和需要安静地觅食的鲸类物种，如弓头鲸和独角鲸，处在了危险之中。

噪声污染带来的影响

　　一些鲸鱼依靠远距离的声音通信来确定彼此的位置，从而进行交配。因此，水中军事声呐、航运、建筑和化石燃料勘探所造成的噪声污染极有可能使本就脆弱的鲸鱼种群雪上加霜。

过度捕捞带来的影响

　　人类的过度捕捞严重影响了齿鲸的生存。例如美国太平洋西北地区的大鳞大麻哈鱼数量的下降，导致以大麻哈鱼为食的南部的留居型虎鲸的数量减少到了不足75只。此外，鲸鱼还面临船只撞击、渔业误捕的威胁。

---

①农业灌溉、降雨或融雪导致从农田流出的水，可能带有农药、化肥等化学物质。

海　牛

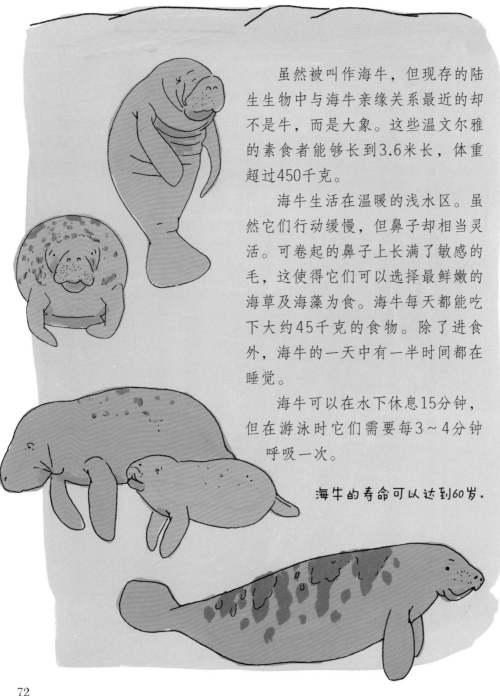

　　虽然被叫作海牛，但现存的陆生生物中与海牛亲缘关系最近的却不是牛，而是大象。这些温文尔雅的素食者能够长到3.6米长，体重超过450千克。

　　海牛生活在温暖的浅水区。虽然它们行动缓慢，但鼻子却相当灵活。可卷起的鼻子上长满了敏感的毛，这使得它们可以选择最鲜嫩的海草及海藻为食。海牛每天都能吃下大约45千克的食物。除了进食外，海牛的一天中有一半时间都在睡觉。

　　海牛可以在水下休息15分钟，但在游泳时它们需要每3～4分钟呼吸一次。

海牛的寿命可以达到60岁。

由于海牛在水面上打瞌睡的时间实在太长，每年都有几十只海牛在撞船事故中丧生，即便侥幸逃生，许多幸存者的背上都有船只螺旋桨留下的疤痕。此外，海牛还经常受到渔网和有毒赤潮的危害。

儒艮

儒艮是海牛的近亲，它们生活在澳大利亚、印度尼西亚、印度和西非附近的海域。儒艮的尾巴与海牛的桨状尾巴很不一样，它们的尾巴分叉，看起来更像是鲸鱼的尾叶。

第四章

沙滩上的生命

沙 子

不同海滩上的沙子由不同的矿物质组成。

珊瑚沙

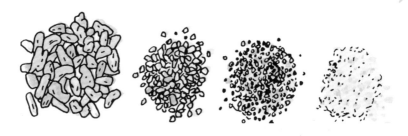

在有珊瑚礁分布的海岸，比如加勒比海地区，这里的沙滩通常都由细小的珊瑚碎屑组成。海洋中有一类叫作鹦嘴鱼的鱼类，它们尖利的牙齿可以啃断并磨碎珊瑚骨骼，从而取食珊瑚虫和珊瑚上附生的藻类。而那些不能消化的珊瑚颗粒则会被排出体外，形成珊瑚沙。

火山沙

在一些夏威夷海滩上发现的黑色火山沙，可能来自火山内部形成的玄武岩和黑曜岩。

下次你来到沙滩上玩耍时，试着用沙子堆一个城堡，或只是躺在沙滩上惬意地享受阳光。对了，千万不要忘记仔细观察在你身下的沙子是什么形状。

石英沙

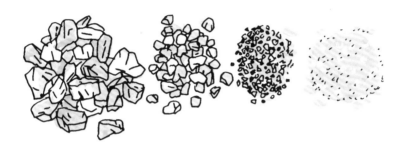

在非热带地区，这里的沙滩往往由海浪拍打石英石所产生的二氧化硅颗粒组成。石英石非常坚固，它们是最后被海浪冲击分解的矿物之一。

贝壳沙

在有些沙滩上，沙子完全是由贝壳的碎片组成的。

沙滩是许多动物的家园。

招潮蟹

蝉蟹

圆轴蟹

蝉蟹、招潮蟹和圆轴蟹都会把自己埋在沙子里。

鹬科鸟类

吻沙蚕

蛤蜊类

在潮湿的沙子下面，生活着沙蚕和各种蛤蜊。

沙蚕类

燕鸥、剪嘴鸥和鸻等鸟类会选择直接在沙滩上筑巢产卵。

燕鸥

笛鸻

海滩的结构解剖图

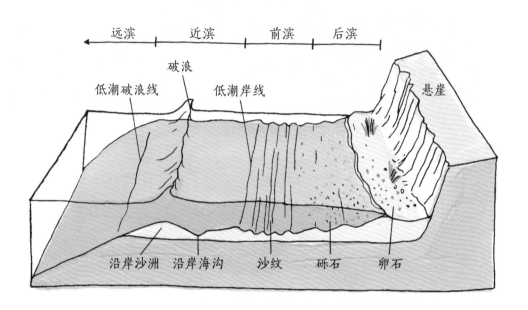

远滨　近滨　前滨　后滨

破浪

低潮破浪线　　低潮岸线　　　　　　　　　悬崖

沿岸沙洲　沿岸海沟　　沙纹　　砾石　　卵石

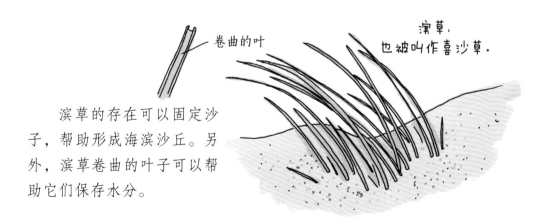

卷曲的叶

滨草，
也被叫作喜沙草。

　　滨草的存在可以固定沙子，帮助形成海滨沙丘。另外，滨草卷曲的叶子可以帮助它们保存水分。

加州鸥

潮　池

....

　　潮池是天然形成的"水族馆"，在这里我们可以近距离地观察那些通常遥不可及的海洋生物。而在所有的潮池中，那些只在低潮时才会露出水面的潮池中往往能发现更多种类的海洋生物。

　　潮池中生活着各种各样的海洋生物，这些生物都非常顽强，可以适应潮池中不断变化的环境。

海蛇尾

藤壶类

紫贻贝

　　像贻贝、藤壶、牡蛎和海蛇尾这样的滤食性动物，能够从水中将微型的浮游生物过滤出来。

海葵、海星和螃蟹以腹足类、双壳类、桡足类等小型甲壳动物以及小鱼为食，鲍鱼爱吃海带，海螺和帽贝则用宽大的齿舌刮取岩石上的藻类为食。

黄海葵

紫海星

塔格螺

帽贝

鲍

粗腿厚纹蟹

在潮池中，你能看到杜父鱼、黑鮍甚至长尾须鲨追逐捕食甲壳类、小鱼等猎物。

澳洲斑蛎鹬

黑鮍

长尾须鲨

即使潮池完全干涸，一些种类的杜父鱼也可以利用辅助的呼吸器官吸取空气中的氧气。

在退潮时，海鸥、翻石鹬、蛎鹬及其他鸟类会撬取露出水面的贻贝、帽贝及藤壶。

翻石鹬

斑纹寰杜父鱼

潮间带生态系统

飞溅区

高潮区

低潮区

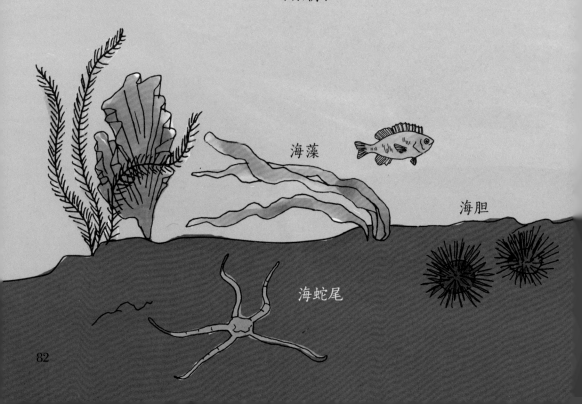

海藻

海胆

海蛇尾

82

海鸥

粗腿厚纹蟹

塔格螺

藤壶

牡蛎

在潮间带中，
高程的微小变化就
可能导致物种分布
的剧烈变化。

贻贝

帽贝

海葵

寄居蟹

峨螺

海星

海绵

海参

贝壳的形态

芋螺型　　冠螺型　　凤螺型　　骨螺型　　峨螺型　　石鳖型

蚯蚓螺型　象牙贝型　笋螺型　　卷管螺型　钟螺型　　牡蛎型

玉螺型　　宝螺型　　拟捻螺型　帽贝型　　舟螺型　　鲍型

扇贝型　　鸟蛤型　　蛤蜊型　　贻贝型　　刀蛏型

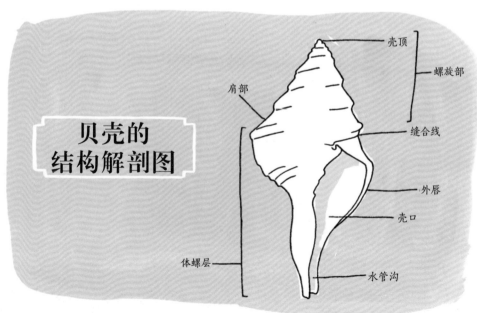

贝壳的
结构解剖图

壳顶
螺旋部
肩部
缝合线
外唇
壳口
体螺层
水管沟

多种多样的贝类

法拉克斯石鳖

瘤肋透孔螺

双带拟捻螺

梯子海蜷

瘤笔螺

陀螺峨螺

难看玉黍螺

多明戈魁蛤

麦哲伦海扇蛤

宝库钟螺

女王凤螺

加勒比海兔螺

刺香螺

彩环塔螺

头巾长旋螺

皇冠骨螺

鹅足螺

卡氏仿蟹守螺

正象牙贝

栉松螺

火焰筍螺

袖扣海兔螺

六角骨螺

蚯蚓锥螺

利肋海蛳螺

兽皮蛹螺

巴西麦螺

光滑麦螺

螺纹鲍螺

斯卡纳玉黍螺

红圆孔螺

美东枇杷螺

赛蒂亚卷管螺

紫螺

小瘤石鳖

美洲车轮螺

花瓣帘蛤

海湾扇贝

辐射樱蛤

巴西毛蚶

蝴蝶斧蛤

优美帘蛤

琥珀江珧蛤

86

红栉孔扇贝

安地列角贝

北红石鳖

巴西樱蛤

佛罗里达芋螺

女神涡螺

美纹珠光螺

玫瑰骨螺

鳞管螺

美洲海菊蛤

马库斯宝螺

紫金钟螺

美东冠螺

伯松纳小笠贝

北极骨螺

光亮麦螺

达利塔螺

刺鸟蛤

鹰嘴贻贝

长牡蛎

李氏剑蛏

鹰翼凤凰螺

海 藻

海藻是10 000多种大型水生藻类的统称，在世界各地的近岸浅水岩礁海域繁衍生息。

海藻通常被认为是植物，因为它们有叶绿素，并利用光合作用从太阳光中获取能量。然而海藻和植物并不一样，它们没有根、茎、叶等植物所特有的结构。

海藻按照颜色被分为：红藻、褐藻和绿藻。这三类海藻之间的亲缘关系都比较远。

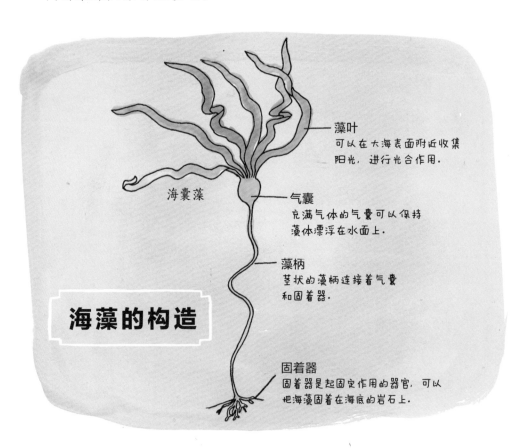

海囊藻

藻叶
可以在大海表面附近收集阳光，进行光合作用。

气囊
充满气体的气囊可以保持藻体漂浮在水面上。

藻柄
茎状的藻柄连接着气囊和固着器。

海藻的构造

固着器
固着器是起固定作用的器官，可以把海藻固着在海底的岩石上。

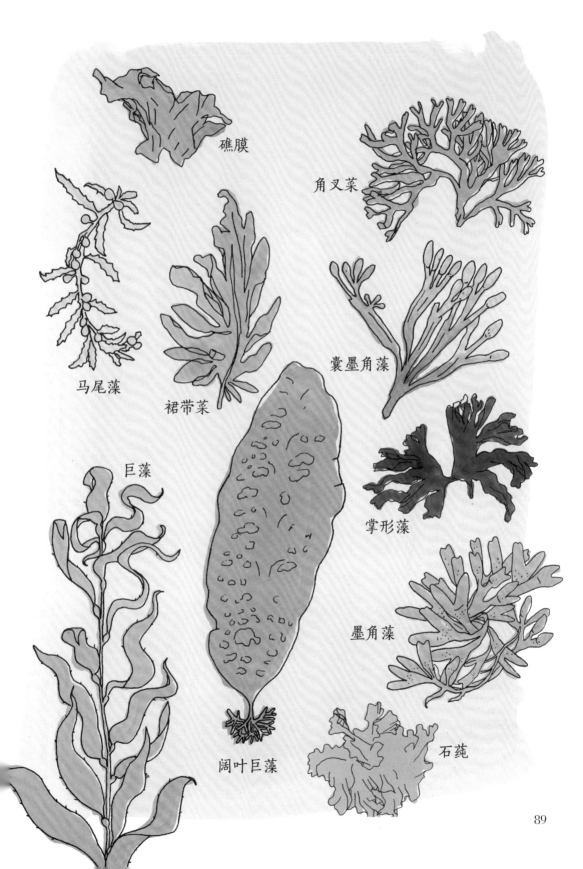

礁膜

角叉菜

马尾藻

裙带菜

囊墨角藻

巨藻

掌形藻

墨角藻

阔叶巨藻

石莼

89

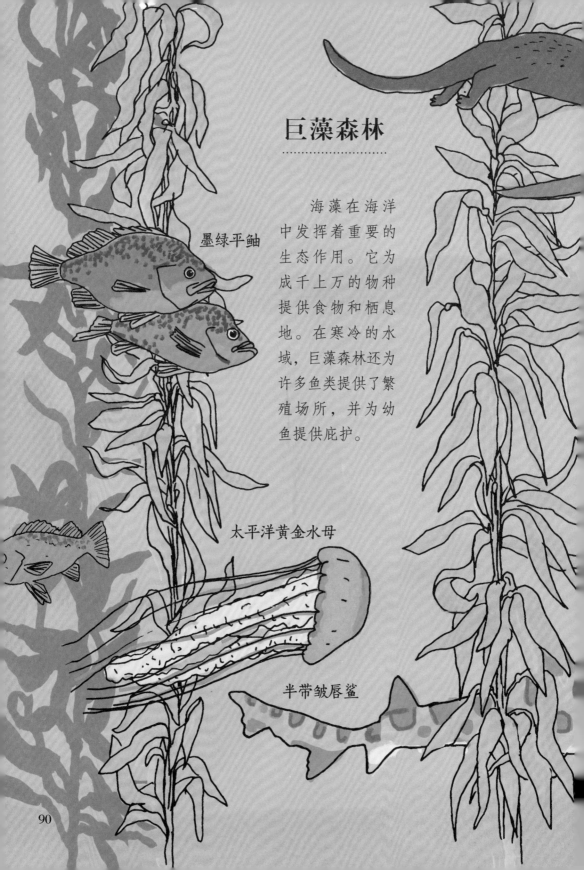

巨藻森林

墨绿平鲉

太平洋黄金水母

半带皱唇鲨

海藻在海洋中发挥着重要的生态作用。它为成千上万的物种提供食物和栖息地。在寒冷的水域，巨藻森林还为许多鱼类提供了繁殖场所，并为幼鱼提供庇护。

海獭

海带每天能长30多厘米，生长迅速的海带为它们的天敌红海胆提供了大量食物。

富有创造力的海獭在潜水寻找红海胆前，常常会暂时把它们的宝宝用海带叶固定住。海鲈、螃蟹、水母、平鲉甚至是个头巨大的灰鲸都一起共享着巨藻森林的资源，并在这里茁壮成长。鸬鹚、海鸥、燕鸥和白鹭也会在巨藻森林里享用丰盛的食物。

巨藻森林中丰富的生物资源也吸引了鲨鱼、海豹和海狮等食肉动物前来捕食。这些聪明的捕食者在捕食时能借助茂密的海带隐藏自己的身影。

美丽突额隆头鱼

北美矶蟹

巨坚鳞鲈

海胆的寿命能超过200年

红海胆

91

藤 壶

缺刻藤壶

鹅颈藤壶

藤壶通常生活在有潮水涨落的浅水区。藤壶是滤食性动物，它们通过有节奏地伸缩六组像羽毛扇一样的须毛来滤食海水中的磷虾和浮游生物。

巨藤壶

虽然藤壶看上去很像是一种贝类，但事实上它们和螃蟹、龙虾一样属于甲壳类动物。

地球上大约有1000种不同的藤壶，其中有大多数种类是雌雄同体的，也就是说它们同时拥有雌性和雄性的生殖器官。

藤壶虽然体型小，但相对于自身的大小，它们有着动物界中比例最长的交接器①。

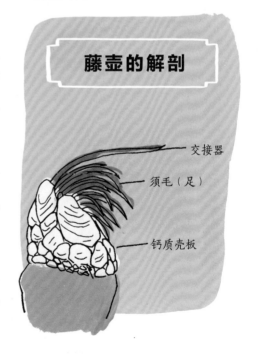

藤壶的解剖

交接器

须毛（足）

钙质壳板

————————

①生物学上雄性动物行使交配行为的器官的统称。

有些种类的藤壶会附着生长在其他生物的身上。它们因此能获取到更多的食物，但这对于被附着的某些生物来说可能不是一件好事。比如鲸藤壶的附着就对鲸鱼非常不利，这给鲸鱼的游动增加了阻力，还使更多的寄生生物得以滋生。

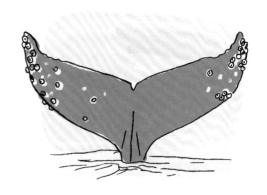

鲸鱼尾叶上的藤壶

藤壶发育为成体要经过无节幼虫和介形幼虫两个阶段。无节幼虫以微型浮游生物为食，它们体型微小，全身长有许多带有刚毛的附肢。和其他甲壳类动物一样，藤壶在发育的过程中随着体型增大也会不断地褪去之前的外骨骼，经历过几次蜕皮之后，藤壶便会从无节幼虫期进入介形幼虫期。

藤壶在介形幼虫期会停止进食。在这个时期它们唯一的任务就是找一处安全的地方度过余生。它们喜欢选择附近有其他藤壶存在、物产丰富且表面粗糙的场所定居。一旦选定好住所，它们便会用触角把自己停在落脚点上，并分泌出充满黏性的蛋白胶水把自己固定下来。

藤壶在幼体阶段是很脆弱的，它们会被贻贝和鱼类捕食。但当藤壶长到成体时，只有某些峨螺和海星有办法突破藤壶坚硬的外骨骼。

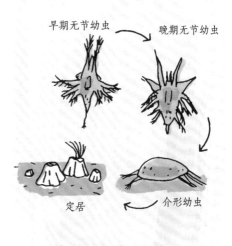

早期无节幼虫　　晚期无节幼虫

定居　　介形幼虫

藤壶的生活史

蛏 子

如果你在浅水处的沙子上发现一个看起来像钥匙孔的小洞，可能就已经发现了能找到蛏子的线索。

蛏子有着细长而锋利的，且相互铰接的两片壳。它们是双壳类动物，通过水管过滤水中的营养物质。

捕捉蛏子是很难的。它们一发现到有捕食者的迹象，就会迅速地用它们的足挖掘沙子，躲到地下约1.2米的地方。

煮熟的蛏子是一种美味佳肴。但在一些地方会限制人们采集蛏子，从而保护蛏子的种群。

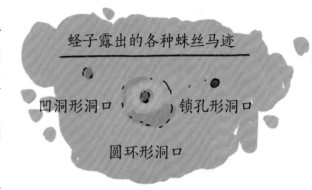

蛏子露出的各种蛛丝马迹

凹洞形洞口　　锁孔形洞口

圆环形洞口

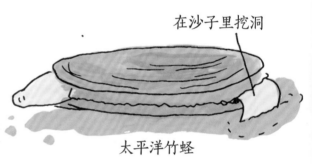

在沙子里挖洞

太平洋竹蛏

大西洋刀蛏

喷沙

海滨鸟类

彩鹮

彩鹮的分布范围很广，它们的足迹遍布非洲、亚洲、大洋洲及美洲。它们以多种昆虫、软体动物以及甲壳类动物为食。繁殖期间，彩鹮夫妇一同构筑它们的爱巢——一个利用枯枝和草叶构建的巨大平台。

绿鹭

绿鹭以鱼类、两栖动物和无脊椎动物为食。捕食时，绿鹭会用树枝、昆虫、羽毛和其他物体作为诱饵诱捕它们的猎物。众所周知，绿鹭会将体型较大的青蛙溺死，以方便吞咽。

粉红琵鹭

粉红琵鹭是一种体表呈粉红色的大型鸟类。粉红琵鹭会用它们宽而扁平的喙在半咸水水域中来回扫荡，寻找鱼类、昆虫、小螃蟹以及两栖动物作为食物。

黑蛎鹬

黑蛎鹬生活在美国西部海岸的岩礁区域。虽然被称作蛎鹬，但它们更喜欢用强壮的喙取食贻贝。蛎鹬通常一生只有一个配偶。当受到威胁时，蛎鹬会大声鸣叫，然后飞走。

矶鹬

矶鹬分布于欧洲、亚洲、非洲和大洋洲。矶鹬通常会成群结队地聚集在一起，并发出高亢的叫声。矶鹬会在浅水区捕食昆虫和小型甲壳类动物。

瓣蹼鹬

瓣蹼鹬觅食时，会在浅水中不断地绕圈游动，制造出微小漩涡，从而搅起水底的无脊椎动物。雄性瓣蹼鹬会承担起所有的育儿工作，而雌性则会为争夺这些好爸爸而战。在每个繁殖季节里，一个雌性会拥有多个雄性的伴侣。

反嘴鹬

反嘴鹬有着上翘的喙，因此很好识别。它们会在盐沼中挥舞着自己的喙，以此捕捉昆虫和磷虾。反嘴鹬在聚居地集群筑巢，并极具领地意识——它们会积极地抵御入侵自己巢穴的外来者。

三趾鹬

虽然三趾鹬在北极地区繁殖，但也会迁徙到南美和澳大利亚等地方。像它们的表亲矶鹬一样，它们也会沿着海岸线逐浪，捡食潮水退去后露出沙滩的螃蟹或蟹卵。

长嘴杓鹬

长嘴杓鹬与矶鹬有着紧密的亲缘关系。它们用长而弯曲的喙来捕食泥土和软沙中的昆虫和甲壳类动物。长嘴杓鹬的踪迹遍布世界各地。

银鸥

远洋鸟类

信天翁

南方皇家信天翁有着长达3.3米的翼展，是所有鸟类中最大的。它的寿命可以超过40年。信天翁肩部有着特殊的肌腱，可以毫不费力地控制它们张开的翅膀，从而进行快速的飞行。不过，有好几种信天翁正濒临灭绝。

军舰鸟

军舰鸟是飞行的高手。只占体重5%的骨骼为军舰鸟极大地减轻了飞行负担。人们还发现，军舰鸟可以连续几周都在空中飞行，在飞行中甚至还可以小憩。为了吸引雌鸟，雄性军舰鸟会鼓起自己红艳艳的喉袋。

白尾鹲

白尾鹲完美适应了海上的生活，它们的腿因此退化到无法在陆地上支撑它们的身体。这些大鸟会潜入海中捕食飞鱼和乌贼。

蓝脚鲣鸟

蓝脚鲣鸟会潜入海中追逐鱼群。相对来说蓝脚鲣鸟不怎么怕人，所以它们经常会登上来往的船只休憩。

褐鹈鹕

褐鹈鹕有长达30厘米的喙以及2米长的翼展。它们会排成一个小纵队紧贴着海面飞行，发现鱼群时便冲入水中捕食。褐鹈鹕有时候能用它们的大喉袋一次性捕捉到好几条鱼。

海雀

海雀科的成员十分不擅长飞行和行走，但却个个都是游泳高手。在水下它们会用翅膀推动自己前进，看起来似乎是在水下飞行。有些种类的海雀会潜入约100米深的地方捕食鱼类和磷虾。

近海鱼类

近岸温暖浅水中的岩石、海藻、珊瑚和浮木为许多定居和洄游的鱼类提供了栖身之所和食物。如果你戴上潜水镜悄悄地潜入水中，就有机会瞥见各种正在觅食或交配的近海鱼类。

石虾虎鱼

石虾虎鱼是一种小型底栖鱼类。雄性石虾虎鱼会积极保护雌性石虾虎鱼产在岩石下或空蛤壳中的卵。1869年苏伊士运河开通，石虾虎鱼得以从地中海海域迁移到相邻的红海海域。

牛首杜父鱼是以鲯、甲壳类和软体动物为食。它没有鳞片，但鳃板上有刺，头部和两侧有骨质凸起。由于牛首杜父鱼没有可以提供浮力的鳔，所以一旦它们停止游动就会下沉。

牛首杜父鱼

鲯

鲯科鱼类拥有斑斓的色彩，它们体表仅由表皮组成，不具有鳞[①]。一些种类的鲯能用它们的宽大胸鳍在海底"行走"。鲯科鱼类通常喜欢在隐蔽的地方藏身，一些种类会在沙底挖洞或栖息在废弃的贝壳上。

[①]鲯科鱼类不具鳞或只具有小圆鳞。

圆鳍鱼

圆鳍鱼是一种长相奇异，圆乎乎的小鱼，而且几乎不怎么会游泳。在圆鳍鱼的腹部上有一个吸盘，可以使它们吸附到石头上。圆鳍鱼以软体动物、蠕虫和小型甲壳类动物为食。

裸胸鳝生活在近海或更深的海域。它们的口中有一套叫作咽颚的辅助性颚，用于固定口中的猎物，帮助裸胸鳝更好地将食物下咽。大多数裸胸鳝是夜行性动物，它们有着十分灵敏的嗅觉。一些种类的裸胸鳝还会从皮肤上分泌有毒的黏液来防御捕食者。

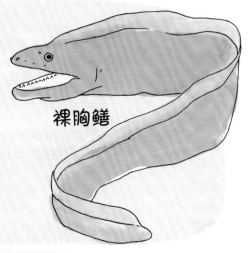

裸胸鳝

大西洋牙鲆的发育过程

大西洋牙鲆会在浅海海底静静地等待猎物。大西洋牙鲆是伪装的大师，它们可以通过迅速改变它们布满斑块的皮肤的颜色来隐藏自己。成年大西洋牙鲆两眼都位于身体左侧，所以看起来十分奇怪。而在大西洋牙鲆发育早期，它们还是左右对称的。到了幼体阶段，右眼才会逐渐移到头部的左侧。

蟹类的结构解剖图

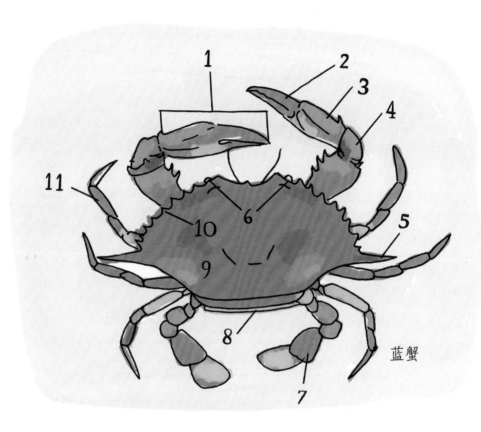

蓝蟹

1. 螯足	5. 侧棘	9. 头胸甲
2. 指节	6. 眼	10. 前侧齿
3. 掌节	7. 游泳足	11. 步足
4. 腕节	8. 腹部	

螃蟹是甲壳类动物，有着坚硬的外骨骼和包括一对大螯在内的五对足。在数千种海蟹中，大部分种类都是杂食动物，它们会以藻类、软体动物、蠕虫、其他甲壳类动物为食。除此之外，也不会放过任何它们碰到的动物尸体。

红石蟹

紫斑光背蟹

灰眼雪蟹

沙蟹

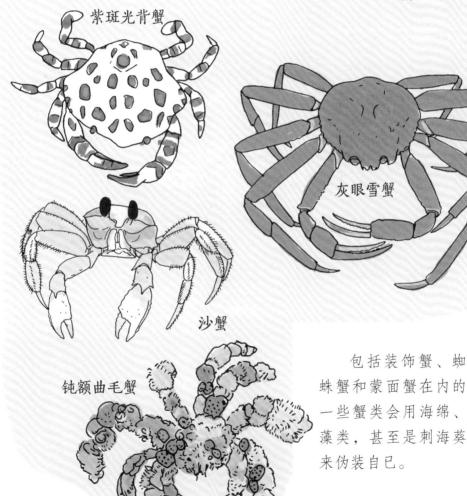

钝额曲毛蟹

包括装饰蟹、蜘蛛蟹和蒙面蟹在内的一些蟹类会用海绵、藻类，甚至是刺海葵来伪装自己。

小螃蟹

豆蟹

豆蟹是一类寄生物种，生活在牡蛎和其他双壳类动物的鳃中。

大螃蟹

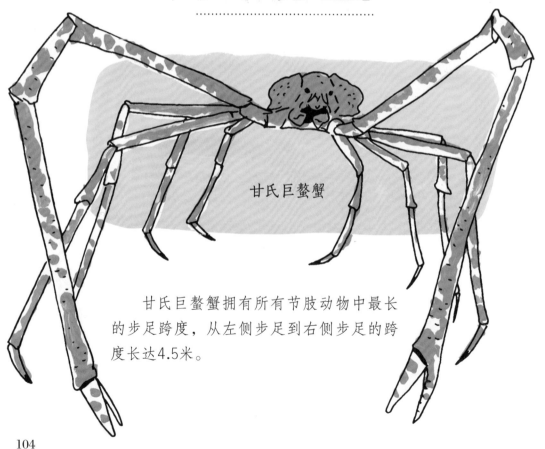

甘氏巨螯蟹

甘氏巨螯蟹拥有所有节肢动物中最长的步足跨度，从左侧步足到右侧步足的跨度长达4.5米。

寄居蟹

寄居蟹的腹部没有坚硬的外骨骼，它们只能通过将螺旋状的腹部藏入废弃的海螺壳来保护自己。当找不到合适的螺壳时，寄居蟹也会偶尔使用铝罐、塑料瓶、坚果壳或木片作为它们的保护壳。

随着体型的增长，寄居蟹必须搬进更大的壳里。在一些地方，合适的螺壳可是稀缺资源。等待换壳的寄居蟹甚至会在大螺壳前按大小排起队，直到一只大小合适的寄居蟹到来，舍弃它原来的壳，选择一个更大的螺壳取而代之。然后，所有等待的寄居蟹会依次快速地交换螺壳。

塑料瓶盖

没有壳时的寄居蟹尾部

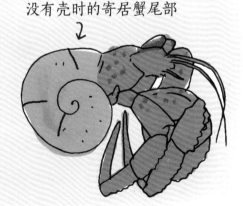

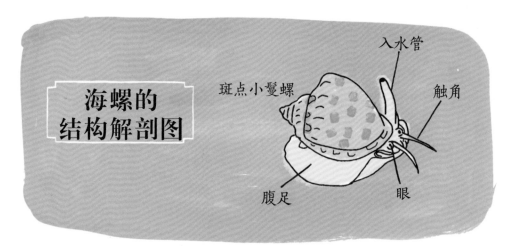

海螺的结构解剖图

斑点小鬈螺

入水管

触角

眼

腹足

紫螺

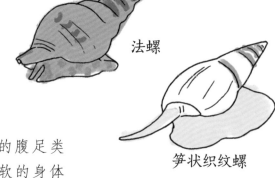

法螺

笋状织纹螺

海螺是生活在海中的腹足类动物，它们能将自己柔软的身体藏入壳内。大多数的海螺都可以通过它们足上的一个称为厣的结构，将自己完全封在壳内。

海螺有一种特殊的像锉刀一样的舌头，称为齿舌。海螺的食谱十分多样，可以说从海藻到海星什么都吃。玉螺就专门以贝类为食，它们能利用齿舌钻穿贝壳坚硬的壳。

织锦芋螺

腹足类

玉螺

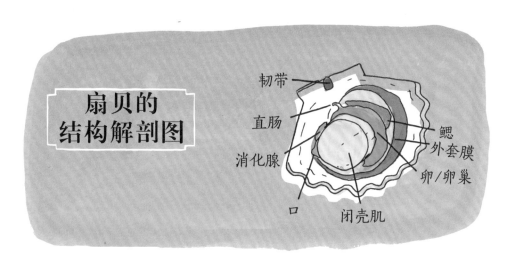

扇贝的
结构解剖图

韧带

直肠

消化腺

口

闭壳肌

鳃

外套膜

卵/卵巢

扇贝是唯一一种能在水中自由移动的双壳类动物，它们并不附着在任何水下物体上。当扇贝受到威胁时它能通过飞快地开关自己的壳扇动水流，并依靠水流的反作用力迅速逃走。

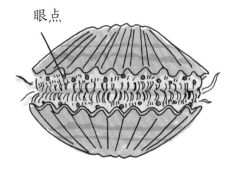

眼点

虽然扇贝没有大脑，但它们的贝壳边缘有许多原始的眼点，这让它们能够感知捕食者的靠近。

第五章

潜入海底!

海 底

目前，只有大约5%的海底被人类仔细地探索过，剩下的海底对我们来说仍然是个谜。不过我们清楚地知道，种类繁多的生命都以海底为家，甚至居住在海底之下。

根据一个地区的地质情况，海床可能会由沙子、岩石、黏土或软泥组成。在所有的海床中，几乎有一半的海底都覆盖着由有机沉积物（如微小的贝壳）和动物碎屑形成的软泥。而在一些地方，这些沉积物甚至有好几千米厚，令人匪夷所思。作为参考，形成5厘米厚的软泥沉积大约需要1000年之久。

著名的英国多佛白色悬崖就是由数百万年间沉积的生物碎屑压缩形成的白垩岩组成的。

海 参

虽然在英文中海参被称作Sea Cucumbers（字面意思是海黄瓜），但海参其实是一类动物。它们隶属于棘皮动物，和海胆、海星有亲缘关系。在海参柔软的表皮上有由许多钙质骨片构成的骨架。

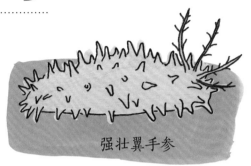

强壮翼手参

海参在海床上觅食，以浮游生物、藻类和小动物为食。某些种类的海参会把自己埋在海底，通过展开的触手从水中捕获食物。

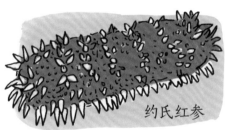

约氏红参

当受到攻击时，一些海参会把具有黏性并能产生刺痛感的细丝从尾部喷出。

蛇目白尼参

隐鱼是一类身体细长的鱼类，它通常会寄生在海参肛门内以躲避捕食者的追捕。

深海狗母鱼

深海狗母鱼的腹鳍和尾鳍下半部分非常长[1]。三条延长的鳍条形成一个类似三脚架的结构，在海底支撑起深海狗母鱼的身体，它们就这样在海底静静地等待猎物的到来。深海狗母鱼的眼睛很小，视力也很差。它们在海底等待小鱼和甲壳类动物撞到它们向上伸展的胸鳍上，随后再用胸鳍把猎物扫进嘴里。

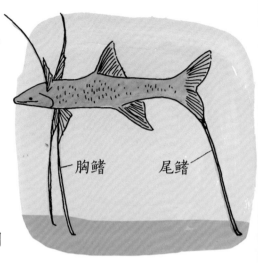

胸鳍　　尾鳍

深海狗母鱼通常独自生活在深海中，当遇不到伴侣时，深海狗母鱼可以通过自体受精来繁殖后代。[2]

石斑鱼和裸胸鳝的合作捕食

石斑鱼和裸胸鳝

石斑鱼和裸胸鳝生活在海中的珊瑚礁和岩礁区。值得注意的是，这两种完全不同的捕食者并不会相互竞争，相反地，它们之间会通过互相合作来提高捕食成功率。

石斑鱼可能会在裸胸鳝的洞穴附近摇摇头，以表示它准备好捕猎了。石斑鱼会把鱼儿驱赶到只有裸胸鳝才能钻入的缝隙里，甚至会通过头朝下垂直身体的方式指出小鱼的藏身之处。同样，裸胸鳝也会把猎物从小的藏身处驱赶出来，让石斑鱼可以大快朵颐。

---

①深海狗母鱼的腹鳍和尾鳍的长度和体长差不多相等。
②深海狗母鱼是雌雄同体鱼类，但其具体的繁殖方式仍未被正式报道过。

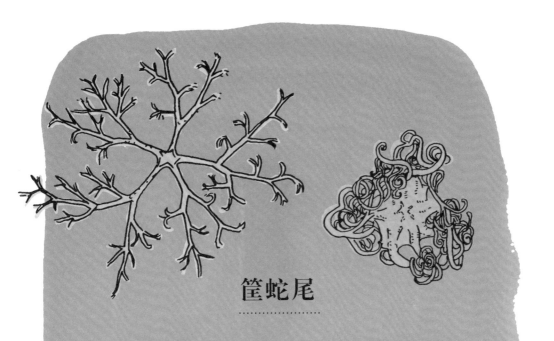

筐蛇尾

....

　　筐蛇尾是一类海洋底栖动物，它们的腕呈分叉状。筐蛇尾利用它们纤细的手臂来捕捉浮游生物。捕捉到的猎物被黏液粘住，随后会被送入口中。筐蛇尾的腕具有再生能力，假如它们的腕被鱼儿攻击脱落，不久后也可以重新长出来。

　　筐蛇尾可以存活几十年，直径约60厘米。

章鱼的结构解剖图

1. 眼   4. 漏斗

2. 腕   5. 外套膜

3. 吸盘

章鱼有八条灵巧的腕，每条腕上都有两排吸盘。章鱼通过外套膜上的漏斗呼吸，漏斗喷出的水流也可以推动它们前进。除了用来咬开螃蟹、双壳类动物和其他甲壳类动物外壳的喙是坚硬的，章鱼的身体都是柔软的[①]。章鱼体内有一个可以分泌神经毒素的唾液腺，用来麻醉猎物。

为了躲避捕食者，章鱼可以改变皮肤的颜色和纹理，它们还能变换身体的形状，从而将自己伪装于周围的环境中。

雌性　　　　　　　　　　　　　雄性

在世界上所有的大洋中都能发现章鱼的身影。章鱼更喜欢珊瑚礁和靠近海底的岩石区域。章鱼不主动进食时，它们会在巢穴中休息。在章鱼1~5年的寿命里，它们只繁殖一次。雄性章鱼用一只叫作茎化腕的特殊腕将带有精子的精荚输送给雌性章鱼。在交配过后，雄性很快就会死亡。

————————

①章鱼和鱿鱼、乌贼不同，它的内骨骼退化，因此十分柔软。

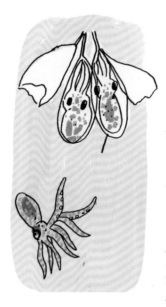

雌性章鱼是非常细心的。它们把十万多个受精卵固定在巢穴内侧，并不断地用漏斗制造新鲜的水流吹向受精卵，直到受精卵孵化。在孵化的期间雌性章鱼不吃不喝，不会离开受精卵半步。完成孵卵的使命后不久，这些称职的章鱼妈妈便会死去。

章鱼表现出了许多高智商的行为。在人工饲养中，它们是非常有名的逃跑艺术家。章鱼能穿过任何比它们角质喙大的洞，甚至还可以拧开瓶盖，打开门闩。人们还发现章鱼能捕食临近水缸中的生物，并能若无其事地在捕食后回到自己的水缸中。

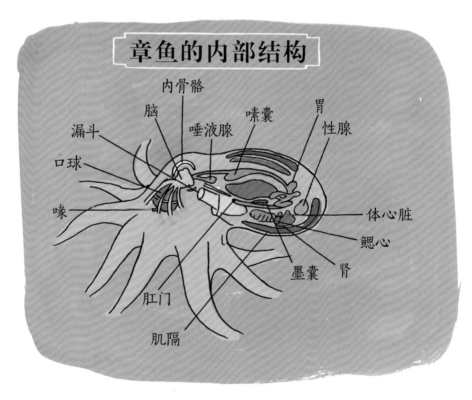

章鱼的内部结构

内骨骼
脑　　　　唾液腺　　嗉囊　　胃
漏斗　　　　　　　　　　　性腺
口球
喙　　　　　　　　　　　　体心脏
　　　　　　　　　　　　　鳃心
　　　　　　　　墨囊　肾
肛门
肌隔

鱿鱼与乌贼的比较

鱿鱼

乌贼

圆形的瞳孔	W 形的瞳孔
身体细长	身体宽大
鳍位于外套膜末端	鳍围绕外套膜一周
内骨骼半透明，较为柔软	内骨骼坚硬，易碎
移动迅速	移动缓慢
生活在开阔的水域	生活在水层底部

鱿 鱼

鱿鱼有两根长长的触腕以及八只较小的带有吸盘的腕。它们用大眼睛寻找鱼类和甲壳类动物为食。许多乌贼甚至会捕食自己的同类。

鱿鱼利用水管的喷射及头鳍的拍打在水中快速移动。有些小型鱿鱼仅有2.5厘米长，而大王酸浆鱿却是地球上最大的无脊椎动物，可以长到12米以上。

鱿鱼是群居动物，有时会成千上万地集结在浅滩中。它们能通过皮肤颜色的变化来传递求爱和狩猎的信号，还能利用自己的变色能力来躲避捕食者或伪装自己以靠近猎物。

大王酸浆鱿的眼球是所有动物中最大的。

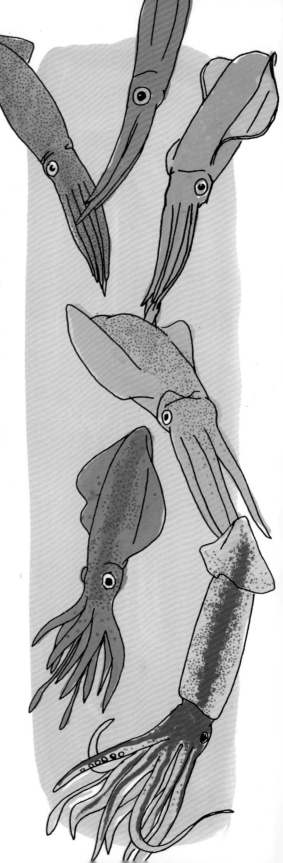

乌　贼

乌贼是鱿鱼的近亲。虽然它们游泳速度较慢，但具有非凡的沟通能力，可以通过改变皮肤颜色、质地和体形来相互交流。乌贼可以依靠产生脉冲的线条和频闪，展示出不同的形状，并可以同时在身体两侧发送不同的信息①。个体较小的雄性乌贼甚至将自己伪装成雌性乌贼，从而骗过体型较大的雄性乌贼。

普通乌贼

伞膜乌贼

鹦鹉螺

已知的6种鹦鹉螺，在数亿年的时间里基本没有发生变化。与其他头足类动物不同，鹦鹉螺有一个硕大的外壳可以为它们提供保护以及浮力。

①乌贼可以依靠神经控制色素细胞，进而控制体色的变化。

珍 珠

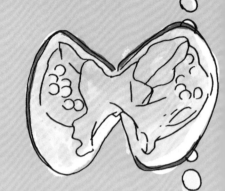

当有壳软体动物的肉体受伤，或当沙子等细小的刺激物进入壳内时，就会在它们的壳内形成珍珠。在软体动物内部形成一层闪亮的珍珠层，这种坚硬的、彩虹色的物质称为珍珠母。

所有有壳的软体动物都能形成珍珠，但只有少数种类的珠母贝及一些淡水贝类能产生真正的宝石珍珠。天然珍珠美丽又珍贵，并且相当罕见。自然情况下，通常每一千只珠母贝中才能发现一颗天然珍珠。而极少数情况下，在砗磲、鲍鱼、扇贝、海螺，甚至是大型海螺的体内也会发现有趣的天然珍珠。

人类可以通过在珠母贝中放入一颗珠子或一小块组织，让这一异物在入侵处的周围经过一年或更长时间慢慢地形成珍珠层，从而培育出珍珠。

菲律宾"公主港珍珠"是有史以来发现的最大的天然珍珠，它形状奇特，重量超过34千克！

公主港
珍珠

120

螯龙虾的结构解剖图

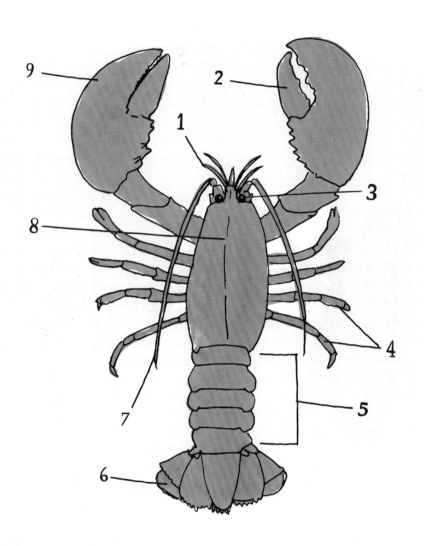

1. 小触须　　4. 步足　　7. 大触须

2. 钳爪　　　5. 腹部　　8. 头胸甲

3. 眼　　　　6. 尾肢　　9. 螯足

螯龙虾

这些大型甲壳类动物有十条腿，其中的三对有钳子。它们强有力的尾巴其实是腹部。它们是夜行动物，以鱼、软体动物、蠕虫、其他甲壳类动物及藻类为食。

在良好的环境条件下，螯龙虾可以存活几十年。

在发育到成体前，螯龙虾要经历几个幼体时期。螯龙虾终生都在生长。和其他甲壳动物一样，螯龙虾一生中会经历几十次褪壳。在褪壳后，它们经常会吃掉自己的旧壳以补充钙质。

新西兰岩虾

挪威海螯虾

玫瑰拟海螯虾

美洲螯龙虾

虾 类

虾是拥有十条腿的、会游泳的、尾巴强壮的甲壳类动物的总称。从0.6厘米长的象鼻岩虾到33厘米长的斑节对虾，它们的大小不等。

在其眼柄末端，有一对发达的复眼，能够为它们提供全景的视野。它们通常有两组触角：较长的一对触角用于在黑暗的海中定位；较短的一对触角用于检查猎物①。

鼓虾捕猎时会猛地合上大螯，发出巨响震晕猎物。

虾类会用像腿一样的鳍状附肢来推动自己前进，这种鳍状附肢被称为游泳足。此外，虾类还可以摆动强壮的尾部以迅速地逃离。

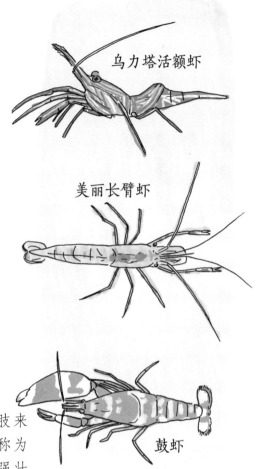

乌力塔活额虾

美丽长臂虾

鼓虾

虾类的结构解剖图

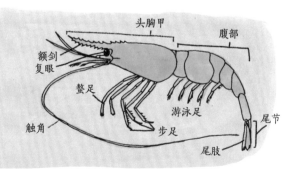

头胸甲　腹部　额剑　复眼　螯足　游泳足　尾节　触角　步足　尾肢

---

①大触角主要负责触觉，小触角主要负责触觉、嗅觉及平衡。

海 星

....

　　虽然在英文中海星被称为
Starfish（字面上意思是像星星
一样的鱼），但海星并不是鱼，
而是一种棘皮动物，与海胆有着
亲缘关系，所以我们最好称它们
为"海星"。大多数海星具有5条
腕，但也有一些物种具有更多的
腕，比如向日葵海星有24条腕。
它们有着坚硬的钙化皮肤，并且
有着超强的再生能力，可以重新
长出失去的腕。

　　海星无所不在，从热带
到南极的海底都能找到它们
的身影。

眼点

腕

管足

在海星的每只腕下面都有数百个细小的管足。管足可以推动海星在海底行走，同时也可辅助性地起到呼吸和排泄的作用。

海星的移动速度很慢，大多数种类每分钟只能移动几厘米。它们通过触觉和腕末端的简单眼点在海底寻找方向。

海星以双壳类、腹足类、珊瑚、海绵、藻类以及牡蛎为食。许多种类的海星可以将整个贲门胃从口中翻出，从而包裹住双壳动物的软体部分。随后海星会释放出消化液并当场吃掉这些软体动物[1]。

———————————
[1]海星的胃分成两个部分，靠近口的一部分叫作贲门胃，另外一部分叫作幽门胃。海星可将贲门胃翻出，包住双壳类动物并对其进行初步消化，之后会将贲门胃缩回体内。

海葵
....

虽然海葵看起来更像是五颜六色的花朵，但事实上它们是一类隶属于刺胞动物的海洋动物。刺胞动物也包括水母和珊瑚。

在1000种海葵中，许多种类都会附着在石头、珊瑚和贝壳上，或是会将它们的基盘埋在海底，在一个地方停留很长时间。其余的一些种类，有的会在海底慢慢地行走，有的完全放飞自我随波逐流，寻找更好的觅食场所。

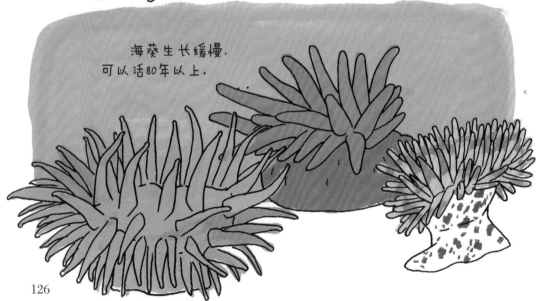

海葵生长缓慢，可以活80年以上。

一些海葵会吸收珊瑚体内含有的藻类，以获取藻类产生的有机物和氧气。

海葵可以通过分裂生殖形成全新的个体。有些海葵同时拥有雄性和雌性的生殖器官，有些海葵则会在生命中的不同时期改变性别。

海葵伸出它们的触手来捕捉浮游生物、小鱼、甲壳类动物和软体动物。每只触手都有许多微小的刺细胞，用来麻痹猎物和抵御捕食者。当受到威胁时，海葵可以将所有的触手完全收回它们的口盘中。

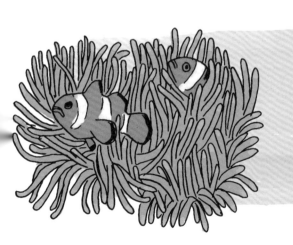

除了小丑鱼之外，还有一些动物种类（如一些小虾和螃蟹）可以安全地在海葵有毒的触手间自由通行。

如何鉴别海龟

平均长度/重量	头部形态	背甲形态

肯氏龟
60厘米/38千克

丽龟
60厘米/36千克

平背龟
76厘米/77千克

玳瑁
90厘米/81千克

赤蠵龟
90厘米/590千克

绿海龟
150厘米/158千克

棱皮龟
210厘米/540千克

海 龟

海龟是一类呼吸空气的爬行动物。除寒冷的极地地区外，在其他海洋中都能找到海龟的身影。它们一生中的大部分时间都在海上进行长途迁徙。

海龟有7种，它们的食性因种类而异。

棱皮龟主要以水母为食。

玳瑁主要以海绵为食。

幼年绿海龟既以动物为食又以植物为食，而成年绿海龟只吃海草和藻类。

赤蠵龟、平背龟、肯氏龟、丽龟都是杂食性动物，它们以鱼、虾、藻类、海参、软体动物、刺胞动物、海星、海草以及蠕虫为食。

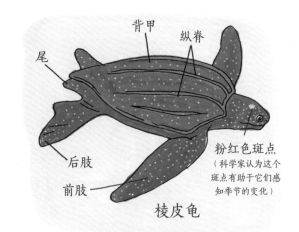

背甲
纵脊
尾
后肢
前肢
粉红色斑点
（科学家认为这个斑点有助于它们感知季节的变化）
棱皮龟

玳瑁

赤蠵龟

129

平背龟

丽龟

绿海龟

在进食时，海龟可以在水下停留大约30分钟。令人难以置信的是，在睡眠时，海龟可以在水下停留超过4小时。

肯氏龟

当一只雌性海龟准备产卵时，它会在晚上爬到一个安全的沙滩上，用前肢挖出一个洞，然后产下50枚到数百枚皮革质的卵。产完蛋后，雌龟会用沙子把卵覆盖并将洞伪装起来，这样它的后代就可以安全地孵化了。经过45～60天，小海龟便会破壳而出。

海龟后代的性别与孵化时的温度有关。如果沙滩的温度较高，那么小海龟中将会有更多的雌性海龟。相反如果沙滩的温度较低，那么孵出的小海龟会有更多雄性海龟。

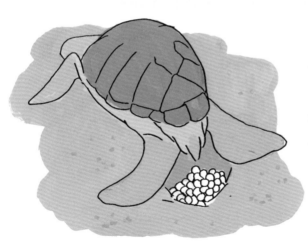

这些小海龟通常在夜间孵化。它们从隐藏的洞里爬出，并迅速通过危险的海岸，爬向安全的大海。在这个过程中，饥肠辘辘的鸟类、螃蟹和哺乳动物有时会吃掉一大半的幼龟。

幼龟在开阔大洋中生长，直到它们达到性成熟。
在15~20岁之间，它们会迁徙到沿海地区进行繁殖。

　　海豚、鲨鱼、海鸟和虎鲸都会捕食幼年和成年海龟。除了自然界的风险外，人类活动对海龟的影响已导致7种海龟中的6种被列为受威胁或濒危物种。非法偷猎海龟肉和龟壳、鱼线和渔网缠结、沿海开发、气候变化和海洋污染导致海龟幼体的存活率不足1%。

大迁徙

许多海洋动物长途跋涉，到达主要的觅食地或繁殖和产卵地。利用电子标签和卫星，科学家们对若干物种的个体进行了追踪，以了解它们的迁徙距离和迁徙路线。

东方金枪鱼

当东方金枪鱼只有一岁大的时候，便能从日本游到美洲的西海岸横跨太平洋大约8000千米。东方金枪鱼沿着墨西哥到俄勒冈州的海岸线觅食和生长长达7年，然后再游回来进行交配和产卵。

大翅鲸

　　世界上的哺乳动物迁徙的最长纪录由大翅鲸所保持。在一年中的大部分时间里，它们在寒冷的水域捕食磷虾和小鱼。但寒冷水域无法抚育它们的幼息，因此它们必须前往赤道附近较温暖的水域进行交配和产仔。大翅鲸会从南极洲游到哥斯达黎加，或从阿拉斯加游到夏威夷，一路上它们很少休息，游10 000千米只需要5～8周。

北极燕鸥

　　北极燕鸥是另一个史诗般迁徙纪录的保持者。据记载，北极燕鸥在一年内可以飞行8万千米。它们的飞行路线蜿蜒曲折，从北极飞越大洋到达南极后会再折返回来。一只燕鸥一生中可能会飞行超过160万千米！

第六章

珊瑚礁上的生命

各种各样的珊瑚礁

珊瑚礁分为三类：岸礁、堡礁和环礁。

陆地

岸礁
（位于水下）

岸礁

岸礁是最常见的一种珊瑚礁，它们紧靠海岸线发育生长。岸礁和陆地之间的水域非常浅。

堡礁

堡礁也平行于海岸线生长，但在珊瑚礁和陆地之间有潟湖或深水区。

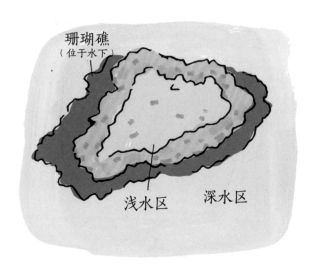

珊瑚礁
（位于水下）

浅水区   深水区

环礁

环礁是围绕潟湖的环形岛屿。经过漫长的地质时期，原本露出于海面的海洋火山又因为海平面上升或火山活动重新淹没于水面之下，在这个过程中，火山周围的岸礁则继续生长。若珊瑚礁以比火山沉降更快的速度增长，最终就会形成环礁。

珊瑚需要温暖、清澈的海水才能茁壮成长，因此大多数环礁都位于印度洋和太平洋的热带和亚热带地区。

环礁堡垒外缘的珊瑚通常保持着生机和活力，但环礁内部的珊瑚往往会随着环礁的封闭而死亡。环礁湖中壮丽的绿松石来自古老礁石中分解的石灰岩。

环礁是怎样形成的：

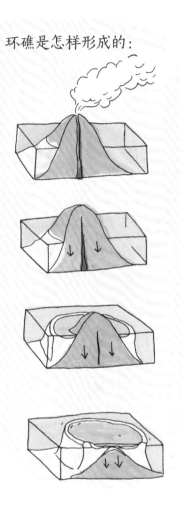

极少的环礁能生长到高过海平面4.5米以上。因此，越来越多的环礁正随着海平面上升被海水淹没。

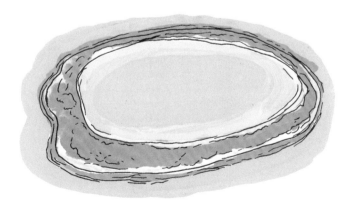

珊瑚礁区

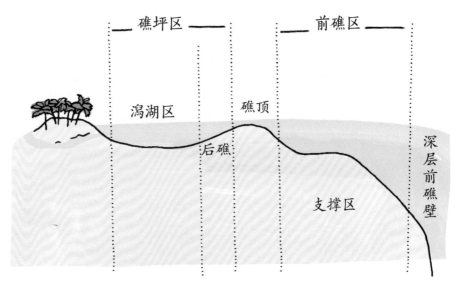

同一种类的珊瑚在珊瑚礁的不同区域可能会有不同的形态。

礁坪 礁坪区温度、氧气、阳光和盐度等条件的波动范围很大，因此相对极端的环境条件也意味着礁坪区的生物多样性要比其他区域低。

后礁 后礁很浅，不受海浪的影响，可能有小块的活礁和碎珊瑚石。

礁顶 礁顶是珊瑚礁的最高点，海浪会在这里破碎。而在低潮时，礁顶可能会露出海面，这些恶劣的条件意味着这里生长的珊瑚必须拥有极强的适应性和生命力。

深层前礁壁 前礁区面向海洋的一侧可以形成一道垂直的墙壁，这个区域生物多样性最丰富的地方位于4.5~20米深处。

珊瑚虫

珊瑚虫是一种体长不到2毫米的简单动物。成千上万的珊瑚虫聚居在一起，便形成了珊瑚的结构。每个珊瑚虫都有口、消化丝以及分布着有刺细胞的用于捕捉食物的触手。

珊瑚群体可被看作是一个单一的有机体，因为珊瑚虫之间通过非常薄的活组织带相连。

珊瑚的组织中藏有微小的植物细胞，即虫黄藻。珊瑚和虫黄藻彼此之间必须相互依赖才能生存。珊瑚为藻类提供安全的环境和光合作用所需的化学物质。虫黄藻则为珊瑚提供骨架生长所需的化合物。这种互利共生的关系促成了珊瑚礁区域丰富的生物多样性。

藻类

珊瑚虫

珊 瑚

珊瑚的种类有2000多种。大约有一半的种类是有坚硬钙质骨架的石珊瑚，其余的则是软珊瑚。

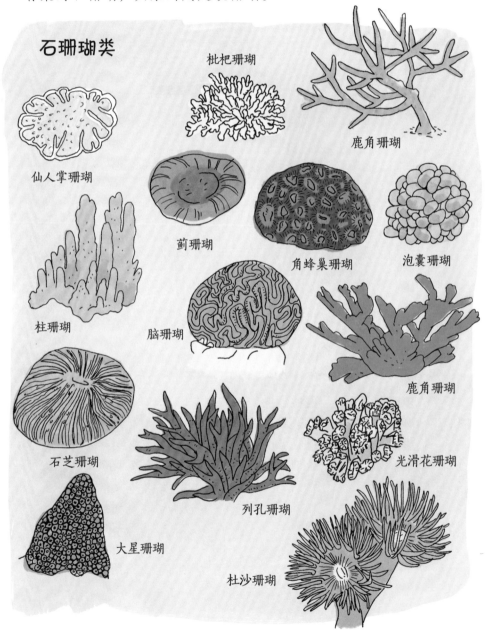

石珊瑚类

枇杷珊瑚

鹿角珊瑚

仙人掌珊瑚

蓟珊瑚

角蜂巢珊瑚

泡囊珊瑚

柱珊瑚

脑珊瑚

鹿角珊瑚

石芝珊瑚

列孔珊瑚

光滑花珊瑚

大星珊瑚

杜沙珊瑚

软珊瑚类

苍珊瑚

树软珊瑚

宽网海扇

黑海柳

指形软珊瑚

灰须皮柳珊瑚

金星海扇

海鞭

鹿茸软珊瑚

紫羽珊瑚

海扇

海笔（海鳃）

珊瑚礁鱼类

大魣

短吻鼻鱼

纵带刺尾鱼

玫瑰毒鲉

弯鳍燕鱼①

巴西刺盖鱼

绿拟雀鲷

鞭蝴蝶鱼

①此时为幼鱼形态，这是对有毒扁虫的拟态。

乌翅真鲨

蓑鲉

虹彩鹦嘴鱼

黄尾副刺尾鱼

长棘毛唇隆头鱼

细纹蝴蝶鱼

驼峰大鹦嘴鱼

大堡礁

　　在澳大利亚的东海岸，有着地球上最大的由动物构成的自然结构。大堡礁长约640千米，其面积几乎和我国的云南省差不多大。它是地球上有史以来最大的珊瑚礁复合体。

　　这个自然界的奇迹蕴藏着巨大的生物多样性。大堡礁内生活着近3000种鱼类，215种海鸟，400种珊瑚以及数百种软体动物和海藻。

大堡礁的活珊瑚礁大多都有6000年的历史。

在理想的条件下，珊瑚礁每年能生长2.5～23厘米。但和世界上许多珊瑚礁一样，大堡礁也遇到了麻烦。自20世纪80年代中期以来，它已经失去了一半以上的珊瑚。珊瑚礁受到的威胁包括农业径流、海洋生物的过度捕捞，以及海洋变暖导致的严重珊瑚白化，这些都会对珊瑚礁造成不可逆的伤害。

海马的解剖

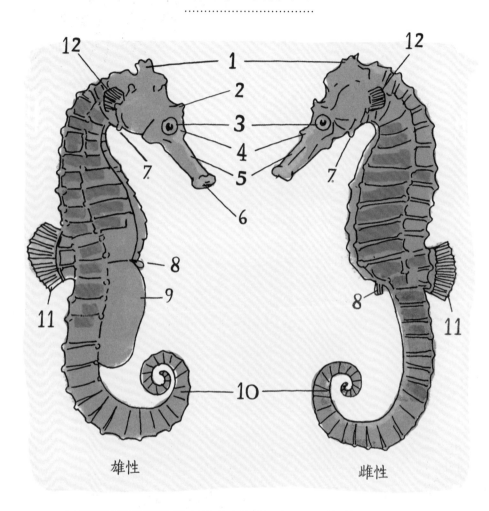

雄性　　　　　　　　　　　　　　　雌性

1. 骨冠　　　5. 吻部　　　9. 育儿袋

2. 眼棘　　　6. 口　　　　10. 尾部

3. 眼　　　　7. 颊棘　　　11. 背鳍

4. 鼻棘　　　8. 臀鳍　　　12. 胸鳍

海马是一种直立游泳的小型硬骨鱼类，它们的皮肤裸露，不具有鳞片。海马用长长的吻部来吸食自己喜欢的糠虾和其他小甲壳类动物。

海马有着复杂而又漫长的求爱过程——开始时雌雄海马会变换体色并保持同步游动，最后它们尾部交握着一同跳起旋转的舞蹈。在求爱结束后，雌性海马会将卵放入雄性海马身体前部的育儿袋中。卵会在雄性海马的育儿袋内受精并发育直至孵化。最终，几十只完全成形的小海马会在雄性海马的育儿袋里破洞而出。

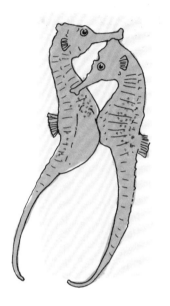

澳洲枝叶海龙

澳洲枝叶海龙身体周围叶状的凸起使它们看起来像一片漂浮的海藻。这样的伪装可以使它们不受捕食者的伤害。

巴氏海马

巴氏海马体长不到2.5厘米，它们的身体与其所生活的珊瑚的颜色和质地完美地匹配。

海绵

海绵是简单的海洋动物，它们没有心脏、大脑和胃，却也能茁壮成长。海水流经它们多孔的身体，提供氧气和它们赖以生存的细菌和浮游生物。许多海绵物种幼年时在水层中自由地浮游生活，成年后则会永久定居在水底。

一些浅水海绵在体内寄生着藻类，可以让这些通过光合作用制造有机物的藻类为它们打工。少数几种海绵甚至是肉食性的，它们能将微小的甲壳类动物困在体内并吃掉它们。

几千年来，人类采集海绵作为清洁工具，导致某些海绵种群遭到破坏。

绿指海绵

挤压绿指海绵时会流出紫色的汁液。

海绵的再生能力很强，从海绵上脱落的一小块海绵碎片就能再生成一个完整的个体。

蓝瓶海绵

分布于巴哈马海域。

分支管海绵

生活在加勒比海、佛罗里达、百慕大和巴哈马海域。

黑球海绵

分布于于加勒比海温暖的浅水水域。

海草

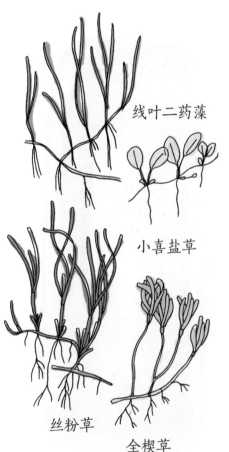

线叶二药藻

小喜盐草

丝粉草

全楔草

与海藻不同，海草是真正的开花植物。它们生活在海面下，并在水中进行授粉。

海草约有60种。由于海草需要阳光才能生长，所以它们会扎根在海岸附近浅水的沙子或泥中。

大型海草床具有独特的生态价值，在其中可以发现处在各个发育阶段的鱼类、软体动物、蠕虫和藻类。海草同时也是海牛、海龟、海鸟、螃蟹和海胆的重要食物来源。

海草床能够捕捉水中悬浮物和减缓水流流速，这为附近的珊瑚礁营造了一个良好的环境。缓慢的流速也有利于悬浮物沉淀，使得海水更加清澈透明，这利于海草及珊瑚体内的藻类进行光合作用。

裸鳃类动物（海蛞蝓）

总数多达3 000种的裸鳃类动物呈现出了奇异的形状和令人眼花缭乱的荧光色。从南极洲到热带地区的海底它们都有分布，其中生活在热带浅水的珊瑚礁区数量最多。裸鳃类动物是海螺的近亲，它们同样拥有布满了角质齿的齿舌。裸鳃类动物使用对嗅觉和味觉敏感、可伸缩的嗅角寻找猎物，以海绵、水母、珊瑚、海葵，甚至其他裸鳃类动物为食。

裸鳃类动物没有壳，因此必须寻找其他保护自己的方式。以刺水母为食的裸鳃类动物会留下水母的刺丝囊或刺细胞，并将它们集中在嗅角的表面或露鳃中以保护自己。同样的，有些裸鳃类动物会专门食用有毒的藻类或海绵，它们从食物中获取毒素并储存在专门的腺体里，以备不时之需。

裸鳃类动物都是雌雄同体的，也就是说它们同时具有雌雄和雄性的生殖器官。因此，裸鳃类动物同种的任意两个个体之间，都可以互相交配。

陆氏多彩海牛

大西洋海神鳃

厚角蓑海牛

黑边多彩海牛

虎斑美叶海蛞蝓

叶海牛

海小丑多角海牛

褐黄毛棘海牛

条凸卷足海牛

科氏灰翼海牛

怪诞脊突海牛

有些裸鳃类动物将它们长长的卵带产在珊瑚或岩石上，并按逆时针方向盘成一团。大部分裸鳃类动物卵带的色彩都十分艳丽，而另一部分裸鳃类动物则会将它们的卵带巧妙地伪装起来。

乳突多蓑海牛

血红六鳃海牛

多彩海牛

乳突多蓑海牛的卵带

血红六鳃海牛的卵带

多彩海牛的卵带

第七章

极地海洋

海　冰

　　海冰的形态取决于它的年龄、周围温度、波浪作用和降水量。地球上15%的海洋表面常年有海冰覆盖。在每年的大部分时间里，北极附近的北冰洋以及南极洲周围的南大洋都被海冰所覆盖。

屑冰
悬浮在水中的盘状或穗状的微小冰晶

浮冰
一块宽度从20米到几千米不等的大而平的冰

饼状冰
尼罗冰或片冰被海浪压缩形成的不到10厘米厚，30~270厘米宽的圆形冰块

尼罗冰
厚度不到10厘米的冰皮，因海浪作用而呈弯曲状

锚冰
形成于海底的冰块

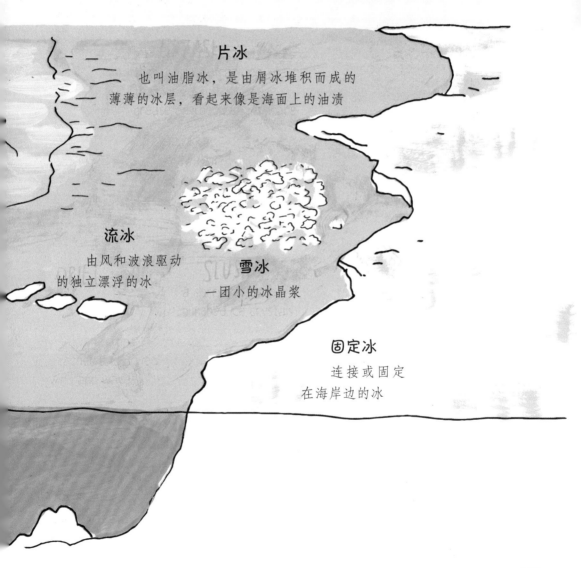

片冰
也叫油脂冰，是由屑冰堆积而成的
薄薄的冰层，看起来像是海面上的油渍

流冰
由风和波浪驱动
的独立漂浮的冰

雪冰
一团小的冰晶浆

固定冰
连接或固定
在海岸边的冰

海冰之下的生命

在极地地区中占据了绝大部分面积的冰盖，是在极寒条件下形成的自然地貌。但在厚厚的冰层下，色彩斑斓、形态各异的海洋生物却在这里繁衍生息。

冰鱼

近爱尔斗蛸

尽管海水温度只有零下1.7摄氏度，但还是有许多动物在这里觅食、繁殖和安家。

麦杆虫

渊龙䲢

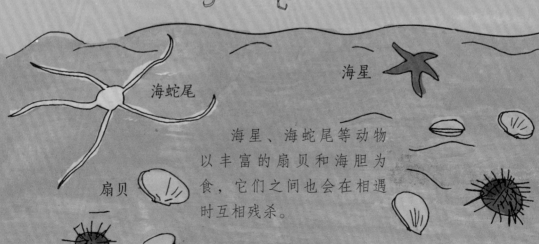

海星

海蛇尾

海星、海蛇尾等动物以丰富的扇贝和海胆为食，它们之间也会在相遇时互相残杀。

扇贝

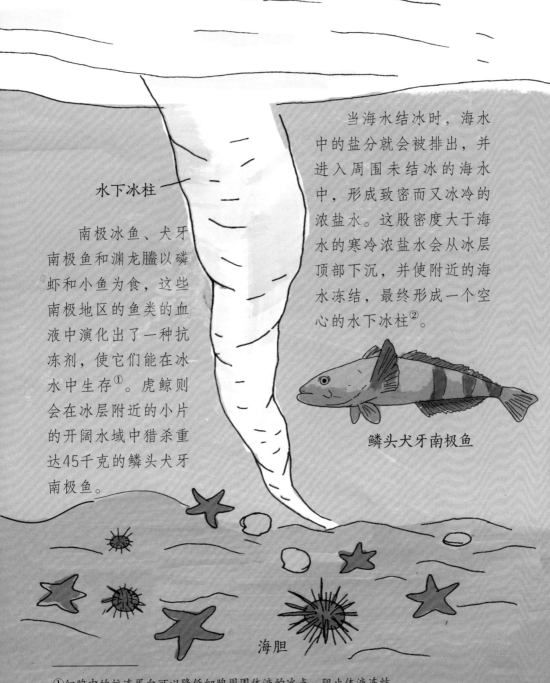

水下冰柱

南极冰鱼、犬牙南极鱼和渊龙䲠以磷虾和小鱼为食，这些南极地区的鱼类的血液中演化出了一种抗冻剂，使它们能在冰水中生存①。虎鲸则会在冰层附近的小片的开阔水域中猎杀重达45千克的鳞头犬牙南极鱼。

当海水结冰时，海水中的盐分就会被排出，并进入周围未结冰的海水中，形成致密而又冰冷的浓盐水。这股密度大于海水的寒冷浓盐水会从冰层顶部下沉，并使附近的海水冻结，最终形成一个空心的水下冰柱②。

鳞头犬牙南极鱼

海胆

①细胞中的抗冻蛋白可以降低细胞周围体液的冰点，阻止体液冻结。
②海水的冰点和盐度有关，盐度越高的海水冰点越低，因此浓盐水虽然温度低但并不会冻结，但它们极低的温度却会使周围低盐度的海水冻结。

冰 川

　　冰川形成于年复一年降雪，且常年封冻的地区。积雪会在自身重力的作用下积聚并最终压缩成冰。在南极洲这样的地方，冰川的厚度可以达到上百米。

　　当大量的旧冰在山谷中堆积时，就会慢慢地向山下流动。这些山谷冰川每天的移动距离从几米到几十米不等。

　　冰川是由淡水冰构成的。流向海洋的冰川被称为潮水冰川。当冰川到达海洋中时，冰川会在崩解的过程中破裂。

冰 山

非平板
状冰山

冰山是从冰川或冰架上脱落的巨大的漂浮淡水冰块。我
们常说冰山一角，事实上露出水面的冰山只占它们体积的
8%~13%。由于冰山难以观察，所以海上经常发生船只与冰山
相撞事故。

如果冰山的长度远远超过它们的高度，并且顶部和侧面都
是平的，那么它们就被称为平板状冰山。如果它们的形状是楔
形、圆顶、尖顶或块状的，则称它们为非平板状冰山。

海狮和海豹的对比

叫声响亮

有可见的外耳

加州海狮

在陆地上用
后肢行走

大型天毛鳍状肢

海狮 VS 海豹

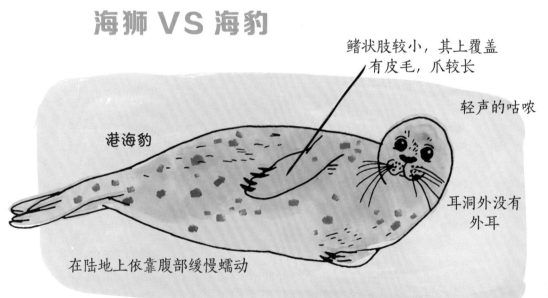

鳍状肢较小，其上覆盖
有皮毛，爪较长

轻声的咕哝

港海豹

耳洞外没有
外耳

在陆地上依靠腹部缓慢蠕动

海豹、海狮和海象都是海洋哺乳动物，它们四肢特化成鳍肢使其可以活动于海陆之间捕食鱼类、鱿鱼、甲壳类动物和软体动物。海豹、海狮和海象被通称为鳍足类动物。

新西兰海狮
雄性体重为350～450千克
雌性体重为80～90千克

鳍足类动物在基因上最接近的近亲是熊和浣熊。

南海狮
雄性体重为200～350千克
雌性体重为135～150千克

虽然在陆地上行走时稍显笨拙，但鳍足类动物在水下的速度和灵巧程度令人难以置信，在水下它们甚至比海豚更灵活。鳍足类动物有强大的嗅觉、视觉和听觉，它们能利用胡须或触须感知猎物。

大多数鳍足类动物喜欢栖息于靠近极地的寒冷水域。它们的皮下有厚厚的脂肪层，还有非常浓密的皮毛（海象除外），以便它们在寒冷的海水中保暖。

加拉帕戈斯海狮
体重为50～250千克

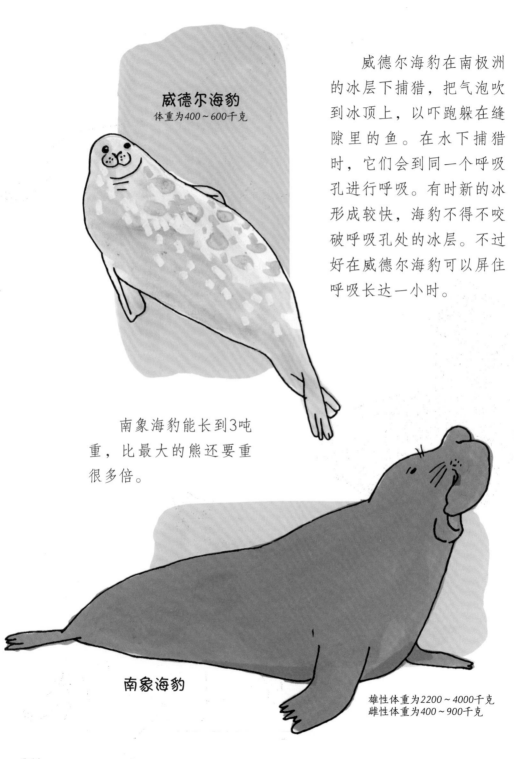

威德尔海豹
体重为400～600千克

威德尔海豹在南极洲的冰层下捕猎，把气泡吹到冰顶上，以吓跑躲在缝隙里的鱼。在水下捕猎时，它们会到同一个呼吸孔进行呼吸。有时新的冰形成较快，海豹不得不咬破呼吸孔处的冰层。不过好在威德尔海豹可以屏住呼吸长达一小时。

南象海豹能长到3吨重，比最大的熊还要重很多倍。

南象海豹

雄性体重为2200～4000千克
雌性体重为400～900千克

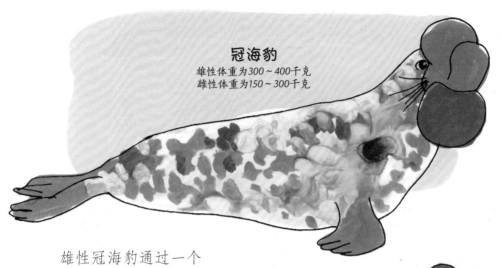

冠海豹
雄性体重为300~400千克
雌性体重为150~300千克

雄性冠海豹通过一个鼻孔使鼻膜充气形成一个鲜红色的气囊，以其吸引雌性并警告其他雄性海豹不要靠近。

为了节省游泳的能量消耗，海豹在两次划水之间会跃出水面，甚至会乘着海浪冲浪回到岸边。有些海豹有经过特化的肺、心脏、静脉及血液，使它们能够潜入水面下几百米的海中。

北海狗
雄性体重为180~300千克
雌性体重为30~50千克

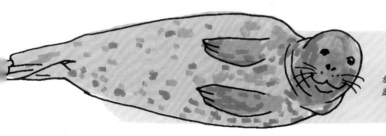

灰海豹
雄性体重约为340千克
雌性体重约为260千克

环海豹
体重为50~70千克

带纹海豹
体重为90~150千克

豹海豹
体重为200~600千克

海象
体重为600~1500千克

独角鲸

这种小型的北极鲸类有一个非常独有的特征：雄性独角鲸的左前牙会呈逆时针螺旋状地从上唇长出一根长约2.4米的长牙。

独角鲸的长牙是动物世界中唯一发现的直牙。数百年来人们一直在争论独角鲸长牙的用途。人们在推测独角鲸长牙是否与社会等级或交配顺序有关，但还未观察到独角鲸曾利用它们的长牙战斗。或者，独角鲸长牙的作用是否像一个敏感的探测器，为它们提供水温和盐度的相关信息，以便独角鲸可以避免被困在飞速冻结的冰层之下。直到2017年，一个更简单的答案出现了——一架无人机拍摄到的画面显示，独角鲸在吃掉北极鳕之前，会用它们的长牙攻击猎物并击晕它们。

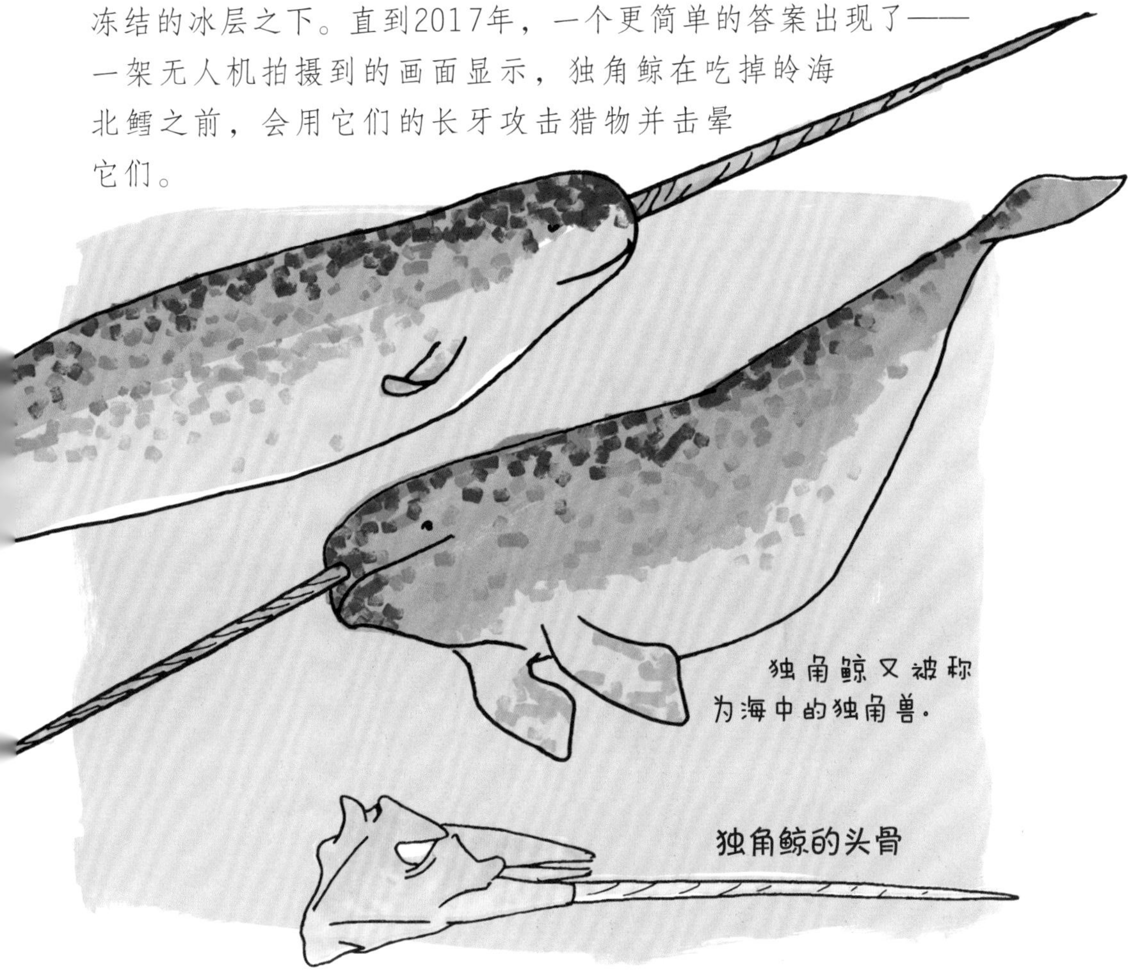

独角鲸又被称
为海中的独角兽。
独角鲸的头骨

企　鹅

帝企鹅

　　绝大多数企鹅生活在遥远的南半球寒冷的水域。它们在海岸形成数量几百到几千只不等的繁殖群，并在那里繁育小企鹅。

王企鹅

企鹅不会飞，走路也很笨拙。不过它们会用水下游泳和捕猎的速度弥补它们在陆地上的笨拙。企鹅通过拍打翅膀灵活地推动自己游动，就像是在水下飞行。

巴布亚企鹅

企鹅可以在海上待上几个月的时间，以鱿鱼、鱼和磷虾为食。企鹅身上有致密且光滑的羽毛，羽毛还可以容纳空气以保持温暖和浮力。

马卡罗尼企鹅

所有的企鹅都有着白色的腹部和黑色的背部。这种被称为反影伪装的涂装可以作为狩猎的伪装，还能迷惑如鲨鱼、虎鲸和海豹在内的捕食者。从水下向上看，白色的肚皮是对水面光亮的模仿，而从上向下看，黑色的背部则是对黑暗的深水区的模拟。

洪堡企鹅

在光滑的冰上，企鹅依靠腹部滑行来节省能量，这种行为被形象地称为滑雪橇。

企鹅成双成对地抚养它们的幼崽。在大多数企鹅种类中，雄性和雌性企鹅都会参与卵的孵化。孵卵时，它们直立着，把卵嵌在它们的脚和温暖的腹部羽毛之间。企鹅宝宝孵化后，企鹅父母就会轮流出海，把捕获的鱼暂时放入胃里，反刍给企鹅宝宝。

帝企鹅	王企鹅	巴布亚企鹅	马卡罗尼企鹅	洪堡企鹅
体长 110~130厘米	体长 85~95厘米	体长 70~95厘米	体长 约71厘米	体长 65~70厘米

企鹅体型对比

北极熊

北极熊大部分时间都在北极海冰上生活，因此它们被认为是海洋哺乳动物。它们短而强壮的前爪以及毛茸茸的大后爪适合在雪地和光滑的冰上行走。

北极熊可以在水中游动数百千米。它们的大爪子是完美的桨，厚厚的脂肪层可以抵御冷水侵袭。它们的保温性能非常好，当天气温度超过10摄氏度时，它们会因过热而感到不舒服。

北极熊具有可以吸收阳光的黑色皮肤和可以反射光线的透明的皮毛，所以它们的毛色一年四季都是白色的。北极熊是偷袭的好手，它们可以采用几种巧妙的方法捕捉环海豹、竖琴海豹、港海豹和髯海豹等它们喜欢的食物。

北极熊鼻子内的表面积是人类的100倍。它们的鼻子可以嗅到藏匿在1.6千米外雪下的海豹的气味。

北极熊在捕杀海豹后，经常会洗个雪浴，它们会在雪地上摩擦，以洗掉身上的海豹血。

怀孕的雌性北极熊在冰雪中筑巢。它们待在这些巢穴里，在哺乳幼崽的头几个月里可能不吃东西。这些幼崽通常是一对，会和妈妈一起生活两年半左右。

北极熊不会直接饮用海水，它们能够从所吃的海豹脂肪中获得水分。

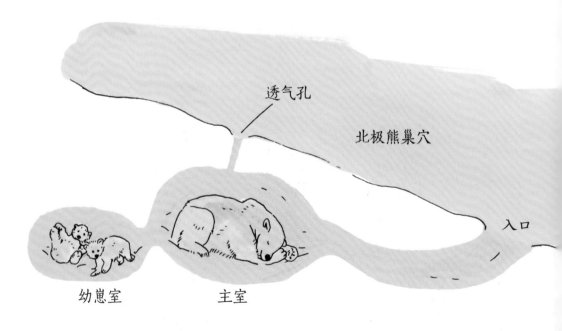

透气孔

北极熊巢穴

入口

幼崽室

主室

人类活动造成的气候变化正使北极变暖，海冰融化。北极熊正在努力地维持生计。随着冰层的缩小，北极熊无法猎取足够的海豹来满足它们的高营养需求。成年北极熊的体型比过去小，健康状况也不如过去。在一些种群中，母熊无法储存足够的脂肪来喂养幼熊，幼熊的存活率因此下降。成年北极熊在无冰的夏季难以维持生计。总的来说，北极熊整个种群的生存正受到威胁。

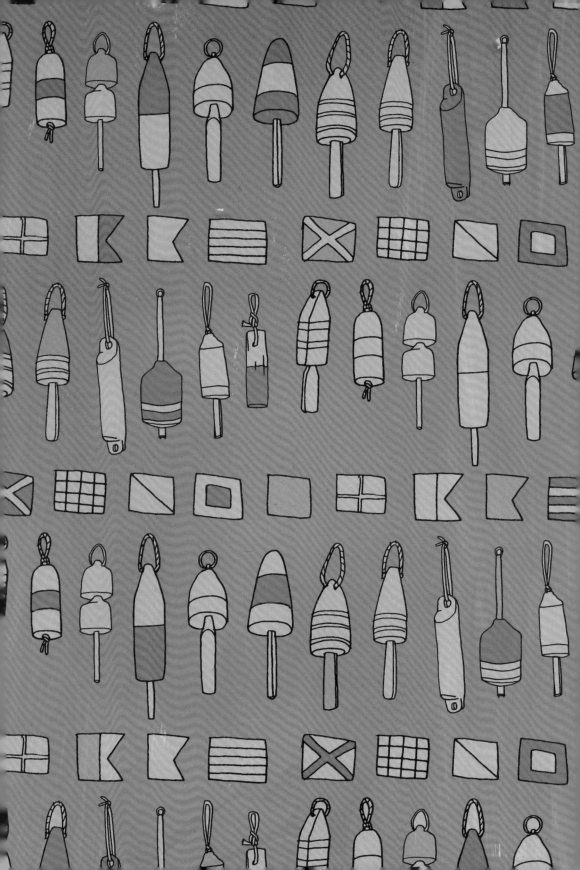

第八章

从海洋的过去到未来

低强度捕捞

数万年来，人们想出了许多巧妙的方法来捕捉海洋鱼类。利用长矛、鱼叉、弓箭、手工渔网、蛤蜊耙以及鱼竿等工具捕鱼，这是更加可持续的方式。

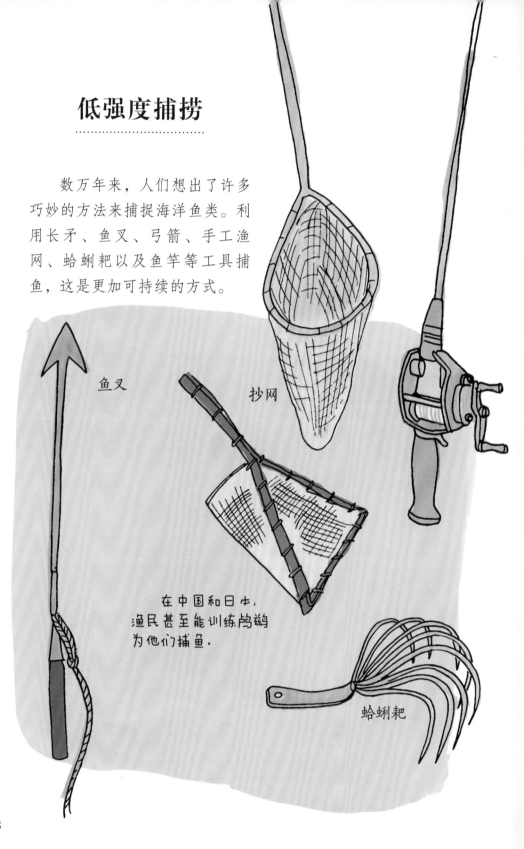

鱼叉

抄网

在中国和日本，渔民甚至能训练鸬鹚为他们捕鱼。

蛤蜊耙

蟹笼是放置于海底，以死鱼为饵专门诱捕甲壳类动物的渔具。它们有漏斗状的入口，甲壳类动物只能进而不能出。蟹笼连接着一个浮在海面的浮标，作为它们位置的标记。

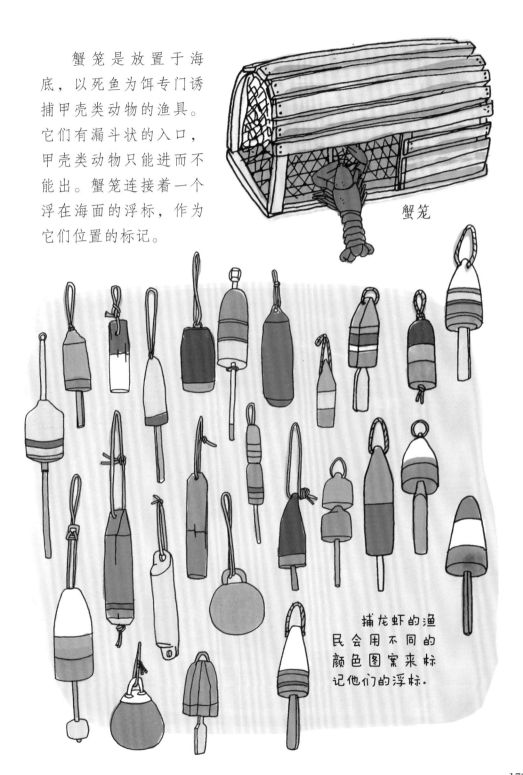

蟹笼

捕龙虾的渔民会用不同的颜色图案来标记他们的浮标。

高强度捕捞

在过去的200年里，工业化捕鱼对全球鱼类种群产生了巨大的负面影响。大型捕捞船长期在海上停留从事捕捞作业，每次可捕获数百吨鱼。捕捞到的渔获物会在船上清洗加工和暂存。

延绳钓使用可长达50千米的干线，在干线上还配备了成千上万的钓钩。

围网作业时渔船会拉着一张大网垂直地围住鱼群，一些渔船使用的围网甚至长达1.6千米。一网下去就有可能捕获到几千条高价值的渔获物，如金枪鱼、沙丁鱼或鱿鱼。当然这样的方法也会带来误捕的情况，围网这种渔法每年可能会捕捞到数十万条"不需要"的渔获物，其中包括海鸟、海龟、鲨鱼、海豚、海豹以及鲸鱼。

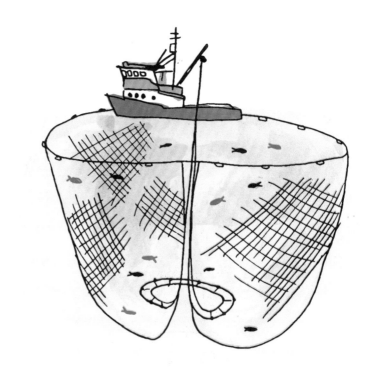

商业拖网捕捞中副渔获物的比例高达40%。[1]

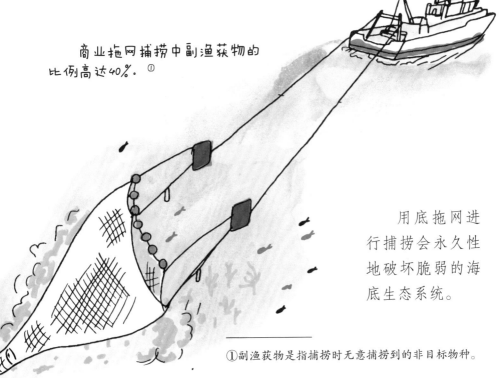

用底拖网进行捕捞会永久性地破坏脆弱的海底生态系统。

---

①副渔获物是指捕捞时无意捕捞到的非目标物种。

灯 塔

灯塔利用警示灯指引船舶在海上避开岩石和其他危险。

布里尔岛灯塔，加拿大新斯科舍省　　阿维罗灯塔，葡萄牙

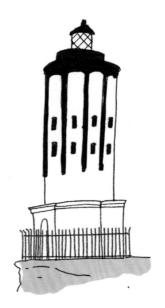

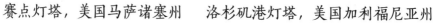

赛点灯塔，美国马萨诸塞州　　洛杉矶港灯塔，美国加利福尼亚州

圣克鲁斯防波堤灯塔，美国
加利福尼亚州

华盛顿堡公园灯塔，
美国纽约

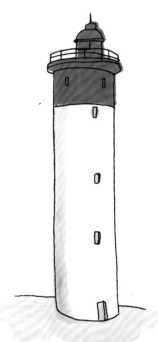

乌姆兰加灯塔，南非

佩吉点灯塔，加拿大新斯科舍省

移动的哈特拉斯角灯塔

　　自1803年以来，哈特拉斯角的海岸线已经向内陆移动了1600多米。

　　位于北卡罗来纳州的哈特拉斯角灯塔是美国最高的灯塔，高出海面约63米。灯塔建于1870年，当时的地基距离海岸线超过400米。随着130多年来海浪对海岸线的侵蚀，灯塔的地基受到了海浪的威胁。

　　1999年，美国国家公园管理局成功地将灯塔搬到了约900米远的安全地带。

　　这座灯塔现在距离海洋487米。根据海平面上升速度的加快，预计在不到100年的时间里，灯塔将再次受到海洋的威胁。

研究海洋

海洋学家

除了人们轻易能接触到的沿海浅滩，在现代海洋学出现之前，人们对海洋知之甚少。1872年，英国的一艘名为"挑战者"号的军舰开始了世界上第一次对海洋的科学探索。"挑战者"号在4年中行驶了12.8万千米，发现了数以千计的新物种，并对海洋的生态系统、深度、温度和组成成分进行了上百次实验。

今天，全球的海洋学家拥有了现代化的科考船。海洋学家们得以使用最先进的技术来研究海洋。随着气候变化的发展，海洋学日趋重要——海洋是地球上最大的热量和二氧化碳储藏库，因此，了解海洋的承载能力，可能有助于我们未来将负面影响降至最低。

19世纪70年代的"挑战者"号

海洋生物学家

海洋生物学以海洋中的各种生物作为研究对象。

马尔塔·波拉

马尔塔·波拉是马德里自治大学的裸鳃动物专家。"裸鳃类动物之所以有趣，不仅仅是因为它们的美丽和多样性，它们同时也是非常好的环境指标。"在对莫桑比克和菲律宾海域的考察中，她的团队已经发现了60多种新的裸鳃动物。"也许治疗癌症的方法就在这些裸鳃动物身上，等待着被发现！"

维姬·瓦斯奎

维姬·瓦斯奎在太平洋鲨鱼研究中心研究鲨鱼，同时她也是海洋科学电台博客的联合主持人。维姬曾对大白鲨进行了广泛的研究，她的团队也是第一个成功标记欧氏尖吻鲨的团队。她曾让她的表妹以及来自"七人青年计划"的小朋友们为她发现的灯笼鲨新种命名，最终这个新种被命名为"忍者灯笼鲨"。

与"阿尔文"号一起研究海洋

在水面下几米深的地方人们就能感受到作用在耳膜处的水压。而在水下15米处,这种来自水的压力便可以压碎一个密封的瓶子。到了水下600米处,水压已经大到可以压碎大多数潜艇。但为深海探测所专门研发的深海潜水器,可以让科学家们在海面下数千米处收集来自深海的数据。

一艘建造于1964年,名为"阿尔文"号的潜水艇已经下潜超过5000次,目前还仍在服役。"阿尔文"号可携带两名科学家进入其直径为1.8米的舱体,深入近6500米的海底。它有两个用于采集样本和运行仪器的机械臂。

科学家们已经发现了数百个新物种,其中包括了一些在深海热液口周围的生态系统中的物种。深海热液生态系统是第一个发现的不依赖太阳能便能维持运行的生态系统。① "阿尔文"号曾被用来研究 "深水地平线"号钻井平台漏油事件对墨西哥湾海底的影响,也在1966年对遗失在地中海的一枚氢弹进行了定位和回收。

推进器

帆罩

光源及摄像机

观察窗

机械臂

---

①深海热液生态系统的能量来源是化能合成细菌,可以利用热液口喷出的硫化物等制造有机物。

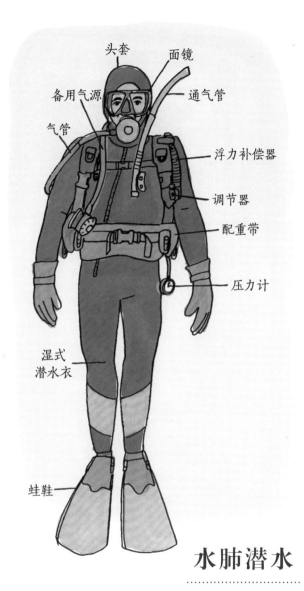

头套　　　面镜

备用气源　　　通气管

气管

浮力补偿器

调节器

配重带

压力计

湿式
潜水衣

蛙鞋

气瓶

稀释气体　　对应气囊
　　　　　　　氧气

循环呼吸器

循环呼吸器可以去
除潜水员呼出空气中的
二氧化碳并补充新鲜氧
气，使空气流通。

水肺潜水

....

　　SCUBA是自给式水下呼吸器（Self-Contained Underwater Breating Apparatus）的英文缩写，也被称为水肺。有了水肺装备，潜水员可以靠一个气瓶在水下待上一小时。使用面罩、蛙鞋、配重带和浮力背心，潜水员可以像鱼一样在水面下自由游动。由于休闲潜水的深度限制是40米，水肺潜水员往往在相对较浅的水域中探索珊瑚礁和沉船。

海上贸易

....

　　港口是船舶装卸货物或上下乘客的港湾。港口往往建在受保护的海湾或河口，在那里船舶可以免受海浪和风暴的侵袭。

　　深水港可以支持最大吨位的货船、油轮和集装箱船停靠。深水港总数不多，并且需要定期疏浚海底以保持航道畅通。

　　一些港口专门处理散装货物，另一些港口则专门用于客运、集装箱运输或给军舰靠泊。

　　中国的上海港是世界上最繁忙的港口，每年处理约4000万个集装箱。

　　大型商业港口必须有专门的起重机、堆垛机、散装装载机和叉车，以便快速装卸大量货物和集装箱。港口往往都配备了仓库、加工中心和炼油厂等处理货物和原材料的基础设施。现代化的海港是四通八达的配送中心，与高速公路、铁路、机场和河流相连。

在国际上，航海信号旗用于船与船之间的通信。

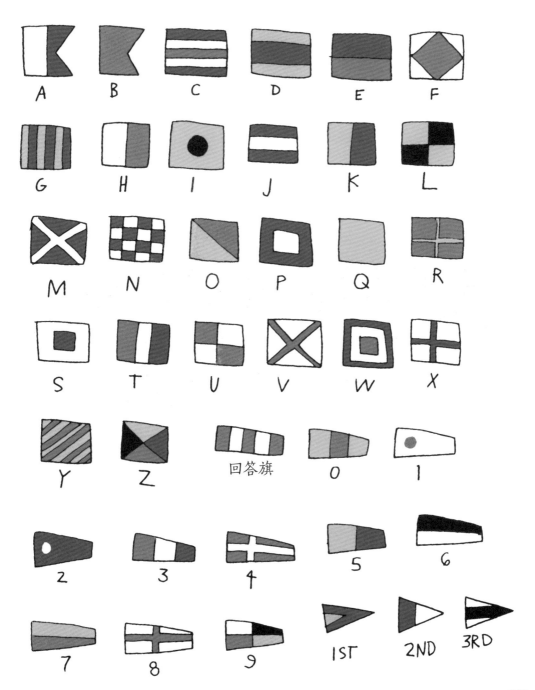

货　船

　　远洋运输是目前在各大洲间运输大宗货物最有效的方式。全球约90%的贸易依赖于5万多艘油轮、货船和集装箱船来完成，它们往返于世界各大洋运送货物和原材料。每年有近100艘船只和大约10 000个集装箱在海上沉没，对环境造成不可估量的后果。

集装箱船

船运公司

小型散货船，载重吨超过 1.5 万吨

大灵便型散货船，载重吨 5 万吨

超大灵便型散货船，载重吨 6.2 万吨

巴拿马型散货船，载重吨 7.5 万吨

超巴拿马型散货船，载重吨 9.8 万吨

好望角型散货船，载重吨 17.2 万吨

超大型矿砂船，载重吨 40 万吨

油轮

油轮可以运输石油、化学品、天然气或沥青。油轮的大小从载重1万吨到55万吨以上不等。

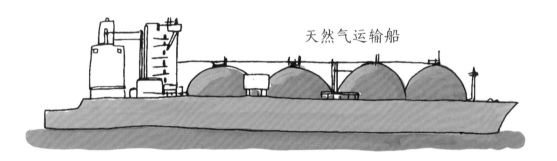

天然气运输船

天然气运输船有大型的加压罐，可容纳数十万立方米的液态天然气或液态石油气。

化学品运输船

化学品运输船的货舱有特殊的涂层来保护船舶和货物。

大太平洋垃圾带

北太平洋的洋流形成了一个巨大的环流，它积聚并集中了漂浮的塑料。在全球的海洋中有5个大规模的塑料污染区，最大的一个塑料污染区覆盖了加利福尼亚和夏威夷间约260万平方千米的海域。

在大太平洋垃圾带（GPGP）中有近2万亿块塑料，总重约9万吨。也就是说，平均地球上的每个人都能分到285块塑料。

这并不是一个实体的漂浮塑料岛，而是一片塑料污染密度增加的上层水体。其中大部分位于水下或碎成小颗粒的塑料，我们甚至难以看见。来自太阳的紫外线以及盐和海浪的侵蚀作用正将这些塑料分解成越来越小的微塑料。

巨型塑料，任何长于5厘米的塑料
宏观塑料，长度为5～50厘米
介观塑料，长度为0.5～5厘米
微观塑料，长度为0.05～0.5厘米
纳米塑料，长度小于100纳米的塑料

大太平洋垃圾带中80%以上的塑料至少含有一种毒素，这些毒素都会在动物体内积聚。

海洋生物误食塑料会导致营养不良，并威胁其消化和生殖系统健康。

海龟会因为将塑料袋当成水母而误食。

一条死去的抹香鲸被发现腹中有约6千克的塑料。

在90%的䲟和97%的黑背信天翁的幼鸟腹中都发现了塑料。

在一些地方，三分之一被捕获的鱼的胃中有塑料。当我们吃下含有塑料的海产品后，这些塑料毒素便会进入人体内。

被废弃的塑料渔网缠住，对许多海洋生物来说都是相当严重的问题。

气候变化的数据

97% 的气候科学家认为近年来的气候变暖趋势是由人类造成的。

在过去100年中，地球平均温度上升了**约1°C**，其中的大部分发生在过去35年内。

在过去100年里，海洋上升了大约**20厘米**。

由于极地冰层的融化和海水受热带来的膨胀，预计在未来80年内，海洋将上升**0.3~1.2米**。

在未来**30年**，夏季北极将没有冰存在。

成为一名有远见的领导者，学习海洋科学或可再生能源科学，参与地方政府的工作。

给海洋带来一些好消息

挪威的电动渡轮在运行两年后，碳排放量减少了95%。

从肯尼亚和印度这样的大国到西非沿海的小岛国普林西比，塑料禁令仍在继续。

世界第二大珊瑚礁——伯利兹大堡礁保护区，在政府采取保护行动后，已不在濒危名单之列。

加拿大全面修订了《渔业法》，要求为枯竭的鱼类种群制订恢复计划，并禁止进口和出口鱼翅。

633名潜水员在佛罗里达州迪尔菲尔德海滩收集了超过725千克垃圾，创造了吉尼斯世界纪录。

印尼政府在珊瑚大三角区建立了3个新的保护区，那里有丰富多样的珊瑚礁和海洋生物。

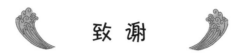

致 谢

再次感谢所有给我写信的孩子们（还有大人），他们让我有动力再花时间来写一本这样的书。

感谢约翰·尼克拉斯，他完成了所有令人难以置信的写作和研究，并找到了这些引人入胜的信息。

感谢我的编辑丽莎·希利和艺术总监阿莱西娅·莫里森，以及斯托里出版社的全体员工，与他们共事是一件非常愉快的事。

感谢伊隆·黑尔在绘画上的帮助，还有我们工作时那些美好的交谈。

感谢给我很多支持的家人和朋友。

感谢每一个帮助我们保护海洋和海洋生物的人。

名人推荐

从珊瑚礁到极地冰海，从海底深渊的管虫到浮窥的虎鲸，一组海浪有多少个？海滩上的沙子有几类？《海洋解剖笔记》真正做到了把每个人都心驰神往的大海做成了精美的"艺术切片"，搭配来自作者朱莉娅和译者吴昊昊博士的解说文字，是一道不容错过的自然"科普大餐"。

——邹征廷（中国科学院动物研究所研究员）

对于以农耕文明为根的我们，大海也不仅仅是诗和远方。海洋是生命的摇篮、风雨的故乡。无论选择怎样的生活方式，海洋总与我们息息相关。《海洋解剖笔记》带我们走近远古生命的起源之地，帮我们解锁写在基因里的海洋记忆。

——李昂（中国水产科学研究院黄海水产研究所

助理研究员，海洋生物学博士）

包括我在内的许多人都对海洋充满好奇，这本书正适合我们：从海洋的生物、地理、人文、历史等方方面面进行科普，让非海洋专业的人也可以学习到专业、有趣的知识，兼具可读性和严谨性，值得一读。

——林瘦猫（科普作家，化学博士）

图书在版编目（CIP）数据

海洋解剖笔记 /（美）朱莉娅·罗斯曼著；吴昊昊
译. — 长沙 ：湖南科学技术出版社，2021.8
ISBN 978-7-5710-0938-0

Ⅰ．①海… Ⅱ．①朱… ②吴… Ⅲ．①海洋学－青少年
读物 Ⅳ．①P7-49

中国版本图书馆 CIP 数据核字 (2021) 第 064804 号

OCEAN ANATOMY

Copyright ©2020 by Julia Rothman

Originally published in the United States by Storey Publishing,LLC.

Arranged Through CA-LINK International LLC

著作权合同登记号：**18-2021-87**

HAIYANG JIEPOU BIJI

海洋解剖笔记

著　　者：[美] 朱莉娅·罗斯曼
译　　者：吴昊昊
责任编辑：刘羽洁　邹　莉
出版发行：湖南科学技术出版社
社　　址：长沙市芙蓉中路一段 416 号泊富国际金融中心
网　　址：http://www.hnstp.com
湖南科学技术出版社天猫旗舰店网址：
　　　　　http://hnkjcbs.tmall.com
邮购联系：本社直销科 0731-84375808
印　　刷：长沙市雅高彩印有限公司
　　　　　（印装质量问题请直接与本厂联系）
厂　　址：长沙市开福区中青路 1255 号
邮　　编：410153
版　　次：2021 年 8 月第 1 版
印　　次：2021 年 8 月第 1 次印刷
开　　本：710mm×1000mm　1/16
印　　张：13
字　　数：142 千字
书　　号：ISBN 978-7-5710-0938-0
审 图 号：GS（2021）3084 号
定　　价：89.00 元